生态乡村学

（新加坡）彼得·程　著

中国建筑工业出版社

图书在版编目（CIP）数据

生态乡村学/（新加坡）彼得·程著.—北京：中国建
筑工业出版社，2015.5
ISBN 978-7-112-17967-1

Ⅰ.①生… Ⅱ.①彼… Ⅲ.①生态规划－乡村规
划 Ⅳ.①TU98

中国版本图书馆CIP数据核字（2015）第060716号

本书全面介绍和阐述了生态乡村建设的各方面内容，包括：生态乡村规划建设；
土地整治、修复和流转；旧村更新；基础设施建设；生态乡村能源；乡村民俗保护与
乡村文明博物馆；生态乡村农业及农业精明增长；生态农场；农业职业教育；生态乡
村生境空间；植物物种保护；古建筑保护；健康乡村和乐龄乡村建设；生态乡村旅游
与游憩空间；生态乡村文明伦理；生态乡村可持续发展；生态乡村景观等。

本书可供城乡规划设计人员、有关专业师生、新农村建设管理者及实践者等参考。

* * *

责任编辑：吴宇江 许顺法
责任校对：李欣慰 焦 乐

生态乡村学

（新加坡）彼得·程 著
*
中国建筑工业出版社出版、发行（北京海淀三里河路9号）
各地新华书店、建筑书店经销
北京京点图文设计有限公司制版
北京富诚彩色印刷有限公司印刷
*
开本：787×1092毫米 1/16 印张：9 字数：218千字
2018年4月第一版 2018年4月第一次印刷
定价：120.00元
ISBN 978-7-112-17967-1
　　　（27087）

第1章 生态乡村规划建设

伴随着工业化和城市化进程，乡村已成为与城市在经济、社会各个方面高度关联的地区，是整个国土空间发展体系中重要组成部分。生态乡村是面向未来的乡村发展模式，其建设首先取决于生态乡村的规划，其内涵包括生态农业、生态人居、生态乡村景观、生态文明伦理等方面。应用生态技术进行全面乡村生态建设，把广大乡村地区建设成为建筑布局合理，人与自然及人与人之间和谐共生，社会、经济协调、可持续发展，既体现传统乡村特色又具有现代文明是生态乡村建设的根本任务。

1.1 城市规划与乡村规划的区别

城市是人类文明高度发达、高度密集的必然方式。由于城市生产力和人口的高度集中，所以城市规划涉及政治、经济、社会、技术与艺术以及市民生活等广泛的领域，具有综合性、前瞻性、地方性和民众参与性等特点。村庄规模远远小于城市，用地范围小，经济发展以农业为主，乡村规划具有综合性、完整性、协调性和小尺度快速实施性等特点。

1.1.1 城市规划特点

城市规划涉及范围广，几乎涉及各个行业和各个领域，内容庞杂。城市中的任何建设行为都和规划密切相关，都是规划管理的对象。虽然不同城市因其所处地域不同和城市发展方向不同所造成的城市规划的特质不尽相同，但总体体现出 4 个重要特性：综合性、前瞻性、地方性和民众参与性。

1）综合性

城市规划是城市各个基本要素之间关系的建立与处理的过程，是城市要素系统分析与综合的过程。城市规划所面对的是城市居民和社会发展的多方面、多种类、多层次的需要，并且存在着彼此矛盾的价值判断。因此，城市规划的目标是一个相互矛盾的多目标系统。它们之间的关系错综复杂。城市的复杂性要求城市规划必须全面、综合地安排城市空间，合理利用土地，并与各个城市各要素之间广泛沟通，相互配合，在维护城市发展需求和公众利益之间，综合考虑与寻求平衡（图 1-1）。

2）前瞻性

城市各子系统之间以及它们与外部环境之间的关系错综复杂，城市的功能关系不仅仅取决于内部的结构，还取决于它与外部环境的适应关系，这样的适应性系统要求内部结构必须随着不断变化的外部环境有所改进、变化。城市规划是对城市未来发展的预见和安排。要科学地预见城市的未来，就要求城市规划尊重客观规律，减少盲目性，适当增加规划弹性。

■ 图1-1 德国弗赖堡市鸟瞰图

3）地方性

没有个性就无法实现可识别的城市。城市特色是城市个性的反映，不同的城市因受城市的历史、气候、植被、建筑、环境、文化、民俗及产业特征等多因素影响，会形成不同的城市形象。虽然城市规划的主要目的是促进城市经济、社会的协调、友好发展。但是，重要的是城市规划要根据地方特点，因地制宜地进行规划编制，不盲目模仿、复制其他城市的规划方式。在城市规划过程中，遵循城市规划的科学规律，尊重当地民众的意愿，充分尊重当地的历史文脉、地境特征，使城市规划成为城市建设的坚实根基以及科学的建设指导，合理利用自身资源，充分展现当地城市特色（图1-2）。

■ 图1-2 韩国釜山市甘川文化村落

4）民众参与性

城市规划是城市居民共同参与的规划。政府和规划专家应代表公众利益，保证城市在发展中始终坚持"以人为本"，"以城市本身的客观需求为本"。每个城市居民都有权对规划发表自己的见解，让广大市民参与到城市规划中，可避免公共利益被资本侵蚀，保证城市未来发展能够真正为民众提供方便，体现民众的公共利益。

1.1.2 乡村规划特点

1）综合性

乡村规模虽小于城市，但仍涉及多方面问题，如环境、民俗、乡土文化、农业特征、气象、水文、工程地质等，综合性很强（图 1-3）。因此规模较小的乡村对规划要求更高。如何处理乡村规划的多方面问题，处理乡村人居、发展各方面的矛盾是乡村规划过程中需要重点解决的问题，如村庄空间的组合，建筑布局形式，乡村风貌的彰显，乡村景观绿化等，均需综合协调考虑。

■ 图 1-3 日本富田农场

2）完整性

乡村规划的完整性体现在乡村用地规划全过程。规划的完整性是保障乡村合理、科学建设进行的基础。只有保证乡村规划的完整性，才能达到乡村建设实施的完整性。由于乡村用地尺度较小，这就给乡村用地规划的组织结构完整性提出更高的要求，只有保持不同发展阶段的组织结构的完整性，才能适应村庄发展的延续性（图 1-4）。

3）协调性

和城市一样，乡村具有以人为中心的各种职能要求，涉及诸多的要素功能，必须容纳和落实各种相关前置规划，这一要求决定了乡村规划过程中必须进行组织、协调。多种乡村职能要求与众多乡村要素共存，会产生多重矛盾，而乡村规划都必须接纳并予以综合利益平衡、协调解决。

4）动态性

动态性是乡村的一个突出特性。乡村是一个有机体，在长期发展过程中，由于功能、结构以及人民的生产、生活发展的需要，不可避免地会发生兼并、植入、消亡、重生及更

■ 图1-4 日本乡村景观

■ 图1-5 四川省平昌县乡村建筑

新的现象。乡村的动态性要求在规划乡村的过程中，注重民俗文化保护，不合理的街巷的改造，既关注传统乡村风貌的持续性，又注重乡村现代文明的友好植入，根据规划实行动态监测与管理，使规划适应乡村的动态性特征（图1-5）。

5）小尺度快速实施性

乡村规划是一个快速实施性规划。乡村规划内容广泛而具体，规划的工具方法也普遍采用总体规划、专项规划和规划设计一步到位的办法，这就要求乡村规划既具有较高的科学性也不失实施的可操作性，以利于乡村建设与管理的实施。

1.2 生态乡村的规划要素

乡村的规划涉及范围广泛，内容丰富。而生态乡村规划中蕴含的各种生态要素的合理应用可以使人与自然，人与人，乡村与绿色产业之间形成有机的整体，构成绿色、生态的特色乡村。

1.2.1 生态乡村社区规划

1）用地规划

生态乡村社区应为乡村居民经济合理地创造一个满足日常物质和文化生活需要的优美环境。乡村生态社区规划的科学与否，直接关系着居民日常生活的幸福度、满意度。乡村生态社区用地根据不同的功能要求，可分为住宅用地、公共服务设施用地、道路用地和公共绿地。

住宅用地除提供居民居住的住宅建筑，还需规划出与住宅配套的道路（通向住宅入口的道路）。公共服务设施用地一般包括绿地、杂物院、社区各类公共建筑和公用设施建筑物基底占有的用地及其附属用地。社区内的公共绿地包括小块绿地、林荫道、社区公园、儿童游乐场地、运动场、老年人活动中心等服务与社区居民的游憩场地（图 1-6）。道路用地主要用于乡村交通道路、停车场等设施建设。

■ 图 1-6　台湾生态社区——涩水社区

■ 图1-7　四川省平昌县生态乡村社区

2）规划内容

生态乡村社区规划主要内容包括以下5项：

（1）选择、确定社区位置，根据社区人口数量确定社区规模、用地尺度；

（2）拟定社区建筑类型（包括住宅及其他相关建筑的数量、层数、布置方式）；

（3）拟定公共服务设施的内容（包括规模、数量、分布和布置方式）；

（4）拟定道路规格（包括断面形式、布置方式，位置，泊车量和停泊方式等）；

（5）拟定社区内基础设施建设规模、数量、位置（包括绿化、游憩场地建设、排水、供水、供电等工程）（图1-7）。

3）邻里意识

邻里意识直接关系到生态乡村社区宜居度、满意度，是生态乡村社区规划中常被忽视，却又极为重要的环节。"邻里"是根据步行者的尺度定义的，规模大约是 5 分钟步行范围。典型的邻里物质空间包括居民公共活动空间与游憩场地。空间的范围为社区内居民交流提供场所，通过物质空间来促进社区居民心灵的沟通，培养邻里意识。邻里意识的培养有助于居民积极参与社区规划及社区管理，对生态乡村社区以及生态乡村建设有着重大意义。

1.2.2 低碳绿色乡村规划

低碳绿色乡村不仅可保障当地居民的物质利益，同时可使当地生态环境免受破坏及资源可持续利用，是德国、日本等发达国家成功的乡村发展模式。

低碳绿色乡村规划作为一项综合性、科学性的工作，既要求满足乡村规划对绿色乡村发展提出的要求，又要求根据需要制定相应的具体绿色项目实施计划。这些项目的完成，对推进乡村地区产业结构的改善和村庄的快速发展，保护乡村地区的自然环境、人文环境和乡村特色，构建可持续乡村具有重要意义。

1）规划要素

（1）环境意识。要建设低碳绿色的生态乡村，必须进行生态环境建设，而生态意识便是生态环境建设的重要保障。规划者与乡村居民均需通过环境意识"约束"规划。规划则以"生态"为出发点及最终目的，在发展经济的同时，解决乡村环境保护与资源利用等绿色乡村、生态乡村的诸多问题，从根本上促进人与自然、人与乡村产业的和谐共生。

（2）经济意识。乡村走低碳绿色道路并不意味着放弃产业和经济发展。经济发展水平反映乡村物质文明进步的程度，体现农村居民生活水平，更是乡村生态建设的基础。在乡村绿色规划过程中，应将乡村经济发展充分考虑，保障乡村居民在未来发展中可具备取得经济利益的机会或平台。只有乡村经济基础坚实，乡村生态规划才可顺利实施（图 1-8）。

■ 图 1-8 台湾生态乡村社区

■ 图1-9 台湾生态乡村特色农业区

2）实施保障

（1）政策支持。政府的政策应对如下3种对象进行支持：农村综合发展、地方管理机构、生态农业活动相关的投资，并在分析当地优、劣势的基础上，制定合理的生态乡村综合发展规划。政府以政策支持地方管理机构发起、组织和推动生态乡村综合发展相关项目的实施。此外，引导和吸引农业活动相关投资是乡村发展的重要手段之一。通过资助，完善乡村生态基本设施建设，开展乡村旅游产业，大大促进当地生态农业及有机农业。

（2）公众参与。乡村居民的积极参与对绿色村庄规划有着积极作用。广泛向村民征询意见，针对规划提出具体措施，可有助于建设出村民满意、宜居宜商，生态舒适的乡村。通过平等参与和协商，可加强居民相互之间的沟通与交流，调动居民积极性。可通过社区政府通过讲座、集会、媒体以及网络等平台，将有关信息及时传递给居民，让居民积极参与到生态乡村规划和建设之中。

1.2.3 生态乡村特色规划

不可以照搬城市规划的方法进行生态乡村的规划，因为乡村和城市背景与组成要素不同，乡村有其完全区别于城市的自身特点。乡村特色规划方法应将乡村的特色进行保留、继承、更新、发展，并形成适用于不同乡村自然环境以及人文环境的特色乡村。

1）因地制宜

不仅城市与乡村的规划不可复制，乡村与乡村规划也不可完全复制。乡村应根据自身地理环境、资源条件、历史文化、民俗风情的不同采取不同的规划方式，在保护乡村生态与发展特色乡村经济的前提下，加强乡村特色产业，是特色乡村可持续发展的道路（图1-9）。

■ 图1-10 台湾生态乡村建筑

2）注重整体

乡村的自然环境、街巷空间、农业景观、传统建筑以及历史文化共同构成了乡村的特色。因此，特色乡村必须坚持其组成要素与整体之间的联系，关注乡村的自然环境、历史文化以及建筑空间等元素不彼此被割裂，保持乡村风貌的完整性和协调性。

3）协调新旧建筑风格

乡村的传统建筑反映了乡村历史文化价值和传统风貌。在乡村扩展和更新时，新建筑应该从建筑体量、色彩、形式、形制等方面与传统建筑保持协调，以维护乡村风貌的主导特征（图1-10）。继承乡村主流建筑文化有利于当地文化的延续，为发展乡村旅游和特色

■ 图 1-11　日本生态乡村建设

乡村产业提供有利条件。

4）保护与发展并存

保护乡村原有风俗文化与旧建筑并不意味着停止乡村发展。乡村的部分旧建筑以及风俗文化承载着当地独有的历史文化、人文情怀，是特色乡村重要资源。这种资源不仅能够促进当地开发旅游等产业活动，而且在不破坏当地环境的情况下，可以推进乡村特色产业与特色经济发展。

1.3 生态乡村建设

和传统的乡村建设不同，生态乡村建设需注意多方面问题，如应注重突出当地乡村特色、保护乡村生态环境、保障经济稳定发展等。同时，还需建立科学、高效的管理体系。

1.3.1 生态乡村建设重点

生态乡村建设不仅要关注乡村特色经济发展、基础设施等基本建设，更重要的是要注重生态环境保护，如自然环境、土地资源合理规划、可再生能源利用、水资源利用和传统建筑风格等多个方面。

1）突出自然环境特征

为避免过多的人造景观与大规模的改建造成资源浪费，破坏生态环境，乡村建设应在乡村原有的自然环境基础上规划并实施，将其自然环境特征转换为乡村特色。因此，乡村建设从选址、布局、建设都应强调与乡村周围自然环境的相融性，以展现其独特的自然风光（图 1-11）。

■ 图 1-12 日本废弃地的再利用

2）土地资源利用

乡村土地资源利用应根据国情和乡村地区特情进行规划利用，如日本人多地少，其国土政策是以有限的国土资源为前提，有效利用地域特性的同时，有计划地整治人类居住环境，协调人与自然的关系（图 1-12）。农业是乡村发展的基础，农用地是保障农业发展的根本，土地资源利用需注重农用地保护，用法律保护农用地，选取科学合理的农村用地，严格控制和规范土地开发行为。

3）可再生能源利用

可再生能源利用包括风能、太阳能、生物质能利用等。在乡村建设规划中，合理开发和利用可再生能源可节约能源，满足居民对水、电、热、气的能源需求的同时，减轻国土空间生态和环境污染的压力，改善乡村生存环境，提高居民生活质量，实现乡村和绿色农业的可持续发展。

4）水资源利用

水资源的合理利用关系到乡村农业发展以及居民日常生活保障的双重意义。普遍意义上，乡村基础设施较城市相对落后，水资源利用成为生态乡村建设的一大课题。尤其是山地乡村地区，由于地形限制，水资源的开发利用困难。为提高山区水资源的开发利用率，可开展小型、微型水利工程的开发与应用。如日本在山区乡村开发的山溪取水工程，广泛应用于山区多沙性河流的栏栅式取水工程，以及由栏栅式取水工程群与蓄水池（水库）构成的水资源开发利用模式均是非常成功的实例（图 1-13）。

■ 图1-13 日本大分县生态雨洪应急措施　　　■ 图1-14 日本传统乡村建筑模型

5）民宅建筑风格

生态乡村民宅风格应体现传统民居地域特征，展现不同区域乡村传统建筑文化。在不照搬其他地区或城市的住宅形式的同时，挖掘独特的传统的民风与民俗。在形成独特的地域乡村建筑形式的同时保留独特的乡村精神文化风格（图1-14）。

1.3.2 生态乡村建设管理措施

1）规划引导

规划作为一项综合性工作，既满足区域规划对乡村发展提出的要求，又根据需要制定相应的具体项目实施计划。乡村规划的编制应具有前瞻性、适时性、法律严肃性及科学合理性。规划引导的目的在于从法律上规范推进乡村产业结构的改善和乡村的城市化发展，保护乡村地区的自然环境、人文环境和文物古迹，保证乡村作为居住和生活空间的可持续发展。

2）产业促进

随着社会的发展，未来农业生产由产量型向质量型转移，农业由高投入、高产出的常规生产向绿色食品、有机食品为重要目标的综合生产方向转移是必然趋势。因此，发展生态农业和绿色有机食品是提高农业竞争力，推进乡村经济发展的重要措施。

3）合理高效利用资源

发展、利用绿色能源是乡村可持续发展的重要保障。生态乡村一般以生态种植业为基础，与养殖业、畜牧业相结合，并协同发展生物质能等绿色能源。以乡村生物质能为例，生物质能基本与乡村各产业间形成了息息相关的良性循环模式，如"种植业—饲料加工业—沼气池—沼液、沼渣还田"模式。乡村绿色能源发展模式可以达到产业发展与生态环保双赢的目的。

4）注重民众参与的重要性

乡村居民是乡村的主体，乡村的建设与规划离不开乡村居民的有效参与。乡村居民的参与可通过提高农村居民生活水平，深入了解民众所需，尊重民众意愿等方式加以实现，以此调动乡村居民的积极性，对生态乡村建设和规划具有重要作用。

5）加强农民职业教育和培训

农民是生态乡村建设的主体力量，加强农民职业教育和培训是生态乡村建设规划顺利进行的基本保障。在建设生态乡村较好的国家都非常重视加强对农民的职业教育和培训，如丹麦的农民大多文化知识水平较高。任何没有受过农业基础教育和缺乏务农实践及没有获得"绿色证书"的人都没有资格当专业农民，农民与城市产业工人一样是一种高尚的职业。发达的农业教育体系是丹麦农业成功的重要原因之一。

1.4 世界模范

世界上有许多国家及地区在生态乡村规划建设方面取得了令人瞩目的成就。这些国家及地区从自身情况出发，经过多年的努力，终于达成建设生态乡村的目的，为中国建设生态乡村提供了丰富的样板及经验。

1.4.1 韩国新乡村运动

韩国生态乡村建设始于韩国新乡村运动。韩国新乡村运动开始于 20 世纪 70年代，历经 30 年，设计及实施了一系列的开发项目，韩国新乡村运动的重要特点

■ 图 1-15　韩国民俗文化村

是政府支援、农民自主和项目开发为基本动力和纽带，引导农民自发开展家乡建设活动。

韩国新乡村运动大体经过 5 个阶段：基础建设阶段、扩散阶段、充实和提高阶段、国民自发运动阶段、自我发展阶段。在新乡村运动历程中，前期建设阶段，韩国的目标主要是改善农民居住条件、居住环境和提高生活质量；中期重点发展畜牧业、农产品加工业和特色农业，大幅度调整有关新乡村运动的政策与措施，建立和完善全国性新乡村运动的民间组织；1988 年后，韩国新乡村运动进入最后阶段，政府倡导全体公民自觉抵制各种非生态的社会不良现象，并致力于国民伦理道德建设和民主与法制教育。

韩国新乡村运动成效显著，重点表现在乡村居民和城市居民的收入差距缩小，城乡关系进一步协调和谐，生活环境得到改善，农业环境得以优化，乡村旅游业发展迅速，传统乡村文化建设得以保留和弘扬，有机农产品得以推广（图 1-15）。

1）改善生活环境

改善生活环境主要针对基础设施建设的政府投入。韩国政府为生态乡村建设提供资金支持，加强基础设施与水利建设，改造或重建村民住房，改善取暖设施，硬化道路，改造乡村卫生间等。同时，韩国政府开启了新乡村运动的其他多项工程，如集中供水设施、水景生态改造、乡村健身设施等。

2）优化农业结构

韩国大力推广水稻高产品种，政府每年定期开展各种农业技术培训和交流活动，向农民介绍水稻优良品种和栽培技术。引导组织村民通过共同选种、育苗、插秧、施肥、灌溉等一系列程序，组成协作体。政府在收购农民粮食上给予优惠政策，促使农民收入迅速提升。

3）发展乡村旅游业

以韩国著名旅游胜地济州岛为例。济州岛在20世纪60年代的时候，还是生活环境恶劣，无法发展农业的落后地区。为了改善当地环境，提高农民收入，政府制定了一套适合当地经济发展的新村运动发展计划。经过多年建设，济州岛已彻底摆脱贫困落后，成为风景如画的旅游胜地，每年吸引着来自世界各地的游客。

4）重视农村文化建设

韩国在新农村运动过程中，始终重视乡村精神文明的建设，借以提高农民的伦理道德水平，培养村民的勤勉、自助、协作精神。乡村设立广播宣传设施，建立村民会馆，定期举办讲演会、演出会等各种惠及村民的活动。

5）推广农产品

农协是韩国农业领域最大的民间组织。农协中央会及其会员农协在农产品和消费品的营销方面都扮演着重要的角色，其直接经办的"农协超市"遍布韩国。

1.4.2 德国生态乡村发展模范

德国乡村的建设工作最初是通过区域规划开展的，以大城市为中心，采用先急后缓的方式，优先加强经济结构脆弱地区的开发建设。政府出台优惠的引导性政策，将集中在德国城市的多个企业逐渐转移到小城镇，借以带动小城镇及其周边地区的经济发展，这一政策主要是基于城市与乡村的生态位的竞合，国土空间重构的国家战略，使城乡人口布局更趋于合理。

20世纪70年代，由于德国城市居民发起无计划的"返乡运动"，导致农村地区建筑密度增大、交通拥挤杂乱、土地开发过度、土地使用等矛盾的加剧，对乡村规划造成破坏，使农村失去原有的风貌与魅力。

为了解决这一问题，1976年，联邦政府对《土地整理法》进行修订，将乡村建设纳入国家法律框架中，开始审视村庄的原有形态和乡村建筑，重视村庄内部道路的布置和对外交通的合理规划，关注村庄的生态环境整治。经过这一阶段近40年的努力，德国乡村在向城市靠拢的同时，重拾乡村独有特色。

20世纪90年代开始，德国乡村建设开始步入可持续发展的道路。乡村开始注重生态价值、文化价值、旅游价值、休闲价值与经济价值的复合建设。在德国政府与乡村居民的

■ 图 1-16 德国生态乡村建设

共同努力下，使德国乡村在生态农业、有机农业方面处于世界先进水平，乡村旅游业也愈加繁荣。

现在的德国乡村已经成为人与自然和谐相处的生态乡村，其乡村也成为具有规划合理、规范严整、民众积极参与等特点的生态乡村（图 1-16）。

1）合理性

以巴伐利亚州为例。1965 年，巴伐利亚州开始制定州村庄发展规划及实施项目。这些项目的完成，成功推动农村地区产业结构的改善和村庄的城市化发展的格局，有效保护乡村地区的自然环境、人文环境和文物古迹；巩固村庄作为居住和生活空间的可持续发展。其最大的特点是巴伐利亚州的"村镇整体发展规划"具有法律的严肃性。用法律手段控制村镇的更新：如调整地块分布，改善基础设施，调整产业结构，保护传统文明，整修传统民居，保护和维修古旧村落等。

2）政府规范和资助

德国政府引导和支持生态乡村综合发展，首先是制定法律规范，政府组织专业人员在分析乡村所在地优劣势的基础上，制定合理的生态乡村综合发展规划；地方管理机构负责发起、组织和推动生态乡村综合发展相关项目的实施，向农民进行宣传，为其提供咨询并调动其积极性，并资助与农业活动相关的投资；支持以保持和体现农村特色为目的的村落修葺，发展适合农村特点的基础设施建设。对农业或乡村旅游发展有潜力的开发项目提供支持，改善农业结构和乡村资源整合。

3）民众积极参与

德国联邦建筑法典规定："公民在规划制定过程中有权参与整个过程，并提出自己的建议和利益要求。"德国政府十分重视国家生态伦理，用法律手段促使乡村居民通过平等参与和协商，加强相互之间的沟通与交流。由此，调动村民参与村庄更新的积极性。为让村民积极参与村庄更新规划，社区政府通过讲座、集会、媒体以及网络等平台，将有关信息及时传递给乡村居民，广泛向村民征询意见，保护乡村居民的共同利益，并将政府的愿景与乡村居民的利益保持高度一致。

1.4.3 日本的乡村规划经验

日本的生态乡村建设始于新农村建设。在经历两次新农村建设中，日本已开始注意到生态技术在乡村再造中的重要性，并开始采用乡村生态建设措施。两次新农村建设使日本乡村经济得到长足发展，农业现代化水平高，乡村农民不仅收入提升，素质也普遍提升。在此基础上，日本乡村为追求可持续发展，开始进一步加大对乡村生态的建设，日本将自然与经济双赢的生态乡村建设作为国家战略，成为亚洲乃至世界的模范（图1-17）。

日本的乡村环境优美，农业发达，农民生活丰富多彩，乡村旅游业十分发达，吸引大量城市居民到乡村体验宁静质朴的乡村生活，感受现代化的生态农业。通过两次新农村建设以及常年的改进与发展，也让日本积累了丰富的生态乡村建设经验。

1）建设区域战略规划合理，分区域逐步推进

在第一次新农村建设过程中，日本将推进新农村建设的区域确定在900~1000户规模的村庄，以此推动农户的经营联合。随着建设发展的逐渐推进，农户数量也随之逐渐增加。如被指定为推进新农村建设的市町村分别成立乡村振兴协议会，通过发扬民主的方式，集中农民的智慧，与当地政府部门及专业团体充分协商，共同制定农村振兴规划并付诸具体实施。

2）加大对新农村建设的资金扶持力度

乡村建设过程中，不论是基础设施建设，还是发展现代生态农业，都离不开资金支持。日本生态乡村建设所需资金，除当地农民资金及政府农业金融机构贷款外，国家还采取特殊补贴方式，提高中央、都道府县及各市町村等三级政府的补贴水平。以此加大农业生产和农民生活的基础建设力度，全面缩小城乡差距，提高农业和农村的现代化水平与农业经营现代化水平，全面采用生态技术，消除乡村环境污染，推进乡村自然环境保护，进一步改善日本乡村的生活环境。

■ 图 1-17　日本生态乡村建设

3）保护乡村原有特色

快速发展的现代文化并未对日本乡村在历史文化的传承方面造成根本的影响。日本乡村建筑的形态、风格统一，虽然适当融入了部分现代元素，但整体仍保留了传统建筑特色，以传统建筑形式为原形和基准。日本乡村原有特色的保留，有利于形成乡村完全区别于城市的特色美，也有利于发展特色乡村旅游等产业（图 1-18）。

4）重视乡村居民素质的培养与提高

日本生态乡村建设过程中重视提高乡村居民的科学文化素质和生态文明程度。日本许多学校专门开设课程对青少年进行生态环境教育，如组织生态环保主题活动，义务清理垃圾和河道保洁等活动。

■ 图 1-18 日本生态乡村旅游建设

1.4.4 台湾的乡村建设经验

中国台湾地区的乡村曾一度陷入贫困落后的衰败境地，为了摆脱乡村发展的困境，台湾采取一系列措施，从农业支持工业，到工业反哺农业，再到如今的生态乡村，台湾经过 50 多年的发展，终于成功改善乡村境况，取得了一系列丰硕成果。

1）政策制度保障

乡村建设过程中，台湾首先是改革土地制度和强化农业金融制度创新。其中，改革土地制度是台湾乡村建设发展的重要根基。台湾经历过两次土地制度改革，第一次改革的目的是将土地分配到各农户手中，调动了农民积极性；第二次改革的目的主要是为了提高农业经营效率，实现农业集约化经营，扩大农业经营规模。到 20 世纪 90 年代后期，台湾又针对农地政策进行调整，进一步强化了乡村用地的法律保障。

强化农业金融制度主要是为促进农业发展，鼓励农村青年创业。1984 年，台湾地区政府成立农业发展基金，配合农会信用部及鼓励银行资金进入，以优惠条件为乡村、农业项目提供各种政策性优惠贷款，调整降低贷款利率，放宽贷款条件。

2）构建农会组织

台湾农会组织是台湾乡村建设的根基，具有十分重要的作用。其主要负责保障农民权益，传播农业相关法律规定，提供满足农业生产、农民生活与农村文化所需的各种服务，教育培训提高农民的知识技术水平，为促进台湾农村经济快速发展发挥了重要作用。

3）注重调整农业生产结构

台湾乡村建设的一个重要标志是以市场为导向，调整农业生产结构，发展具有市场优势的重点农业产业，如蔬菜、热带水果、花卉、海水养殖等地区特色农产品。农业类型也渐渐向具有维护生态环境的后现代农业发展，如观光农业。农业生产结构的调整大大提高了台湾农业的经济效益。

4）注重科技创新

科技创新是台湾农业发展的重要因素。台湾极为重视农业科技的投入，科研经费常年稳定在较高水平，并设有多个农业相关研究机构。制定多项政策方案，鼓励企业与优秀人

■ 图1-19 台湾生态乡村建设之一——培训学校

■ 图1-20 台湾生态乡村建设之二——日月潭红茶工厂

■ 图1-21 台湾生态乡村建设之三——树木保护

才积极参与农业科技研究与开发利用。

5）培养高素质农民

农民是农村发展的主要参与者，农民的素质高低直接关系到农村建设水平的高低。台湾极为重视乡村地区居民的素质教育，并将培养对象分为成年人（主要是指参与劳动的农民）、青少年以及乡村妇女，根据不同人群采用不同的教育方式。培养负责农业生产的成年人，传授农业知识、技能以及生态农业观念，注重生产技术、经营管理等方面的教育培训；培养青少年，以素质教育为主，使其成为能利用最新技术与方法从事现代农业经营的优秀农民；培养乡村妇女，多以培训班的形式进行，传授现代农业相关的基础知识，宣传生态环境保护的重要性（图1-19～图1-21）。

第2章 生态乡村的土地整治、修复

2.1 乡村土地调查及方法

土地调查为科学规划、合理利用、有效保护土地资源，实施科学严格的耕地保护制度，加强和改善宏观调控提供依据，对于全面查清土地资源和利用状况，掌握真实准确的土地具有非常重要的意义。土地调查基础数据的准确性和规范性直接关系着土地未来规划、利用，必须有一套严谨、切实可行的技术方法。

2.1.1 土地调查原则

1）真实、准确原则

保障调查数据的真实性与可靠性，是土地调查最基本的原则。在调查初级准备阶段便应注重调查的各项环节，严格进行准备工作，前期准备工作的准确性直接影响后续调查工作的准确性。调查过程中，防止排除来自行政、技术等各方面的干扰，做到数据、图件、实地三者一致，防止上报虚假数据等情况发生。

2）规范、统一原则

不论任何国家均有严格的土地调查规程，调查中必须全面、严格执行调查规程规定的调查内容、技术要求、精度指标、成果内容，保证全国调查成果统一、规范、一致。规范、统一的调查成果有助于土地后续规划、整理、建设工作的有序进行，避免因数据、章程标准杂乱而对土地造成破坏。

3）继承性原则

继承性原则可提高调查工作效率，保持成果延续性。土地调查过程中，对以往调查形成的成果（如确权登记发证资料、土地权属界线协议书等），经核实无误的可继续继承使用。

4）充分利用原则

为提高土地调查的效率和准确性，应充分利用以往调查成果（如土地利用数据库、土地利用图、土地变更调查成果等），发挥其在地类、界线、属性等调查的辅助作用。

5）数字化原则

运用现代信息技术，可有效帮助土地调查相关部门进行查询、统计、分析工作，极大程度提高土地调查效率。要求从调查底图制作、实地调查、数据库建设到调查最终成果形成等，全面实现数字化，各地区调查成果互联互通，快速更新（图2-1）。

2.1.2 土地调查内容及方法

乡村土地调查包括权属调查和地类调查。权属调查主要包括个人、集体土地所有权和

■ 图 2-1　四川省平昌县乡村土地风貌

国有土地使用权的调查；地类调查包括线状地物、图斑、零星地物和地物补测等内容。

1）权属调查

权属调查需确认对土地所有权的土地权属界线、土地权利归属等，并与相关人员或组织等签署相关协议书。此外，公路、铁路等用地，以及国有农、林、牧、渔场土地使用权也需确权，并与相关权属单位签订协议书。

确权方式包括权源确认方式、指界确认方式、协商确认方式和仲裁确认方式。

（1）权源确认方式适用于权利人能够出示权属文件的情况，通过审查权利人出示的权源文件和听取权利人申诉后，确认权源文件能被现行法律法规认可的，按权源文件来确认土地所有权或使用权的归属。

（2）指界确认方式适用于相邻双方均不能出示被现行法律法规认可的全员文件。指界确认方式基于双方共同认定土地边界来确认土地所有权或使用权界线和归属。调查人员协助指界人双方共同确认权属界线，并由指界人双方共同签订相关协议书。

（3）协商确认方式适用于双方均不能提供权源文件，或相邻权属单位双方对权属认识不一致的情况。通过协商确权，确认土地所有权或使用权界线。

（4）仲裁确认方式适用于双方都可出示不一致的有关文件且双方未达成共识的情况。相关部门听取双方对土地权属申诉，经过综合分析，合理地进行裁决确权，确认土地所有或使用权界线和归属。

2）地类调查

地类调查对包括线状地物、图斑、零星地物和地物补测等均有严格的标准，绘图、补测过程中均严格遵照标准进行。如线状地物调查设有上图标准以及上簿标准，根据实地数据的不同其相应划分也不同，如宽度超出标准的线状地物按图斑调绘；面积达到上簿标准的，作零星地类登记。此外，图斑调查也有其相应的上图及上簿标准。

3）基本方法步骤

乡村土地调查基本方法步骤具体分为准备阶段、权属调查阶段、外业阶段、内业阶段、成果检查验收和核查等阶段。

（1）准备阶段主要进行技术、人员、资料、仪器等准备工作。调查准备工作的充分与否直接关系着调查效率与准确性。

（2）权属调查阶段主要进行土地权属调查工作，上文已经进行了详细介绍，这里便不再赘述。

（3）外业阶段主要是在确定的行政区域调查界线、土地权属界线范围内，到实地，对内业解释内容经实地核实确认，或直接对影像进行识别，将地类、界线、权属以及必要的注记等调查内容、标绘、标注在底图上，或记录在相关文件中。

（4）内业阶段主要是整理外业调查原始图件以及相关调查资料，依据外业调查原始图件和资料，建设乡村土地调查数据库，汇总输出土地利用现状图件和各类土地面积统计表等，并编写调查报告。

（5）成果检查验收和核查阶段是依据官方相关标准及规定进行严格、公正、全面的核查确认工作，是保证调查数据真实、可靠的重要保障。

2.2 乡村土地微生物生态工程

微生物一般是指形体微小、结构简单的异类生物，与人类生活关系密切。微生物涵盖了有益有害的众多种类，广泛涉及健康、食品、医药、工业农业、环保等诸多领域。

2.2.1 微生物在生态农业中的作用

随着科学技术的进步和现代农业的发展，生态农业技术不断创新、发展，微生物也在生态农业发展中起着越来越重要的作用。

农业产业的本质是开发利用地球自然界的生物资源，将微生物应用于农业是发展生态农业的重要方法之一，并广泛应用于生态农业当中。

1）微生物肥料

微生物肥料是将某些有益微生物经大量人工培养产生的生物肥料（又称菌肥、菌剂、接种剂），可增加土壤中的氮素或有效磷、钾的含量，将土壤中作物不能直接利用的物质转换成可被吸收利用的营养物质，提高土壤肥力，改善作物的营养条件，减少化肥使用，提高作物产量。微生物肥料的主要种类有根瘤菌肥料、固氮菌肥料、解磷、解钾菌肥料、光合细菌肥料、复合微生物肥料、微生物生长调节剂、抗生菌肥料及促进植物生长的根细菌类制剂。

2）微生物农药

微生物农药主要有微生物杀虫剂、微生物杀菌剂、微生物除草剂及杀菌剂等。相较于传统农药，微生物农药具有高效、对农作物营养、健康无损害、可极大程度上推进绿色有机农作物的生产的优越性。

3）微生物环境处理

应用生态技术的微生物可以处理多种环境问题，例如水污染、大气污染以及固体废弃物等。在生态农业产业当中，微生物环境处理主要应用于由大规模畜牧业造成的畜禽粪尿污染以及土壤污染。针对畜禽粪尿污染，微生物可采取多种治理方法，如沼气发酵、快速烘

■ 图 2-2　微生物环境下的农田

干等。特别是采用细菌技术进行禽畜排泄物的生态技术应用将是未来有机农业、有机畜牧业发展的方向（图 2-2）。

2.2.2 微生物修复污染土壤的方法

土壤污染是全球性的重要环境问题，乡村的土壤问题也是建设生态乡村过程中必须客观面对和亟待解决的问题（图 2-3）。土壤微生物修复技术是在适宜条件下利用土著微生物或外源微生物的代谢活动，对土壤中污染物进行转化、分解与取出的方法，欧美等世界许多国家都正在大力发展污染土壤的微生物治理与修复技术研究、应用、推广。

生态技术条件下的土壤微生物修复技术分类：土壤微生物修复技术主要分为原位微生物修复（In-situ Bioremediation）和异位微生物修复（Ex-situbioremediation）。

1）原位微生物修复

原位微生物修复技术方法为：直接向土壤投放氮、磷等营养物质和供养，以促进土壤中土著微生物或特异功能微生物的代谢活性，从而达到降解污染物的目的。原位微生物修复技术主要包括生物通风法、生物强化法、土地耕作法和化学活性栅修复法等。

（1）生物通风法。生物通风又称土壤曝气，基于改变生物降解环境条件而设计的，是一种强迫氧化的生物降解方法。

（2）生物强化法。生物强化基于改变生物降解中微生物的活性和强度而设计，分为土著培养法和投菌法。

（3）土壤耕作法。土壤耕作法又称农耕法，即以场地污染土壤作为接种物的好氧生物过程。相比其他处理方法（如填埋、焚烧、洗脱等），土壤耕作法对土壤结构体破坏较小、实用有效，具有应用范围广、成本低的优点。

（4）化学活性栅修复法。化学活性栅修复法依靠掺入污染土壤的化学修复剂与污染物发生氧化、还原、沉淀、聚合等化学反应，从而使污染物得以降解或转化为低毒性或移动性较低的化学形态的方法。

2）异位微生物修复技术

与同位微生物修复不同，异位微生物修复是把场地污染土壤移出，进行集中生物降解的方法。异位微生物修复技术主要包括预制床法、堆制法及泥浆生物反应器法。

■ 图 2-3 四川省平昌县利用微生物修复法修复后的土地

（1）预制床法。预制床法是农耕法的延续，可以使污染物的迁移量减至最低。

（2）堆制法。堆制法利用传统的堆肥方法，将污染土壤与有机废弃物质（如木屑、秸秆、树叶等）、粪便等混合起来，使用机械或压气系充氧，同时加入石灰以调节 pH 值，经过一段时间依靠堆肥过程中微生物作用来降解土壤中有机污染物。堆制法包括风道式、沼气静态式和机械式。

（3）泥浆生物反应器法。泥浆生物反应器法处理效果好、速度快，其缺点是此方法仅适于小范围的污染治理。泥浆生物反应器法具体实施方法是将污染土壤转移至生物反应器，加水混合成泥浆，调节适宜的 pH 值，同时加入一定量的营养物质和表面活性剂，底部鼓入空气充氧，满足微生物所需氧气的同时，使微生物与污染物充分接触，加速污染物的降解完成。

2.3 乡村土地可持续利用

土地是人类赖以生存和发展的基础，土地的可持续利用直接关系着人类的发展基础。许多国家和地区把加强土地资源管理，合理利用土地，保护耕地，以追求土地可持续利用作为基本土地政策。

2.3.1 农业生产用地治理方法

农业生产用地是乡村最主要的用地，其在国土空间的生态价值链中具有十分重要的生态功能意义，可为人类提供的各种生态服务功能。农业生产用地在人口密集区之间具有重要的生态意义，如调节微气候，为人口密集的城市区提供新鲜的空气和游憩场地等。

农业生产用地具有丰富的生态功能，如：保护和发展耕地的多样性、独特性和优美性，地下、地表水资源的涵育，生态农业旅游及为城市提供休闲娱乐平台，维护动植物生存条件等。因此，生态乡村农用地治理过程中，应用生态理念和生态技术，以生态建设为主轴，并注意遵守如下原则。

1）重视生物多样性的保护

生态环境破坏以及土壤性质的改变，会打破正常生物链，导致病虫害频发，给农业发展带来较大的负面影响。改善农业发展与生态环境的关系，使二者保持相对平衡是乡村建设的首要任务。主要措施大致包括：禁止使用化学农药，采用与自然控制力相协调的病虫害防治

■ 图 2-4　保护生物多样性

■ 图 2-5　生态乡村绿色农田

措施；禁止使用化学肥料，采用农家肥，施用绿肥和缓释有机肥，实施秸秆还田措施；采用合理多样的轮作和间作方法，每年部分耕地休种以改善土壤的品质，提升土壤肥力（图 2-4）。

2）合理规划，因地制宜

根据不同的地理环境，乡村应根据其自身的地理、生态基础进行合理规划，选择最适于当地的农业发展模式。例如德国南部农业主产区是山区，地形和地貌不适合种植业，但雨水充沛、植被好，适合放牧，而肉、蛋、奶制品正是德国人主要的食品组成，因此德国南部的产业发展农业以畜牧业为主，粮食种植只起辅助作用。

3）土地功能多元化和动态特征

农业生产用地从单一功能向多功能转化。关注耕地质量应该是一组多学科、多特性的数据，而且其特征是动态的、发展的、相对的。需要持续加强农用地质量动态监测，每年更新质量等级，及时掌控耕地质量变化与土壤健康状况，并针对耕地质量的动态变化适时进行相应的农业产业品类调整（图 2-5）。

2.3.2　乡村土地可持续利用的战略意义

土地可持续利用是指在特定时空条件下对土地资源进行开发、使用、保护与治理，并通过一定的组织结构，协调人地关系及人与资源和环境的关系，以满足当代人和后代人生存发展的需要。土地的可持续利用不仅是一种模式，更是一种理念——绿色、高效

■ 图 2-6 可持续利用后的乡村土地

的发展理念。土地可持续利用可调动农民的积极性，最大限度地节约和利用资源，最大限度地发展乡村经济。乡村土地能否实现可持续利用，对于农业、乡村、农民的发展至关重要。

1）实现土地可持续利用是建设生态乡村的基础

乡村的根基是农业，农业的可持续发展关系着整个乡村的建设与发展，土地的可持续利用是农业可持续发展的基础。土地可持续利用的基本原则是：在土地资源利用过程中，索取有度，适当补偿，从而使土地资源的投入、产出、利用实现良性循环。乡村实现可持续利用，既发展农业，又改善生态环境，为建设生态乡村奠定坚实的基础。

2）实现土地可持续利用是建设生态乡村的目的

欧美发达国家的历史实践证明：不合理的土地利用会使农业发展走入困境，不仅破坏环境，也影响乡村经济发展。只有对土地实现高效、生态的可持续利用，才能提高乡村农业生产效率，带动其他产业进步，促进乡村经济发展，同时会增加农民收入，促进乡村生活水平的提高，改善乡村生活水平。

3）实现土地可持续利用是建设生态乡村的途径

土地的可持续利用不仅体现在对土地的使用方式和管理方式的科学化，更体现在乡村社会发展影响上。只有实现对土地的可持续利用，形成生态农业生产全产业链、技术链体系，乡村生态环境得到友好改善，乡村经济、社会才会高速、可持续发展（图 2-6）。

2.3.3 世界模范

1）德国

德国经济发达，生态环境优美，是生态建设和生态技术最为成熟的国家之一。德国的土地利用具有鲜明特色，始终坚持保证规划优先原则和科学用地分类方法，具有明确的指向性和指导性，对德国生态国家、生态农业、生态乡村及德国社会经济的发展起非常重要的作用。德国乡村土地可持续利用的成就，也取得了显著的成效，积累了丰富的成功经验。

（1）坚持规划优先原则。德国把土地利用规划与国家空间规划、国土区域规划、城市规划等融为一体。德国将乡村规划作为国家统一规划部分，在土地利用过程中，坚持规划优先原则，科学布局每一个环节，为土地可持续利用奠定法律基础。

（2）坚持可持续发展原则。关注生态环境保护、自然资源的保护和合理利用，重视农业用地的保护，以建设人居环境和谐优美的乡村为目标。

（3）健全的法律保障体系。德国制定了一系列法律规定以约束、保障土地利用的科学性、公平性以及合理性。如《联邦规划法》专门为土地利用规划制定了严格的有关制度，并普

■ 图 2-7 日本生态乡村农田

遍采用规划许可等控制手段，用法律手段保证规划的实施。

（4）注重科学技术推广与应用。德国土地利用广泛应用现代生态技术手段。如在规划期间，常会用到包括遥感、地理信息系统、网络等技术进行规划数据的采集、分析处理、信息反馈，甚至应用网络手段开展规划的公众参与以及规划实施的动态监测使土地利用规划朝着智能化方向发展。

2）日本

日本国土面积狭小，土地资源紧张，土地问题可直接影响到日本国家政治的稳定和经济的发展。因此，日本对于土地利用极为重视，而乡村土地可持续利用是日本国土可持续利用的重要环节。经过多年摸索、实践，日本已形成一套适用于自身的乡村土地可持续利用经验。

（1）严格、健全的法律体系。日本土地相关的法律、法规的制定、颁布和实施均是全国统一，任何部门或是个人都必须遵守。土地相关的法律法规数量多、范围广，其法律、法规条文具体，目的明确，针对性强，具有很强的可操作性。

（2）强调保护农用地。农业是乡村发展的根本，农用地又是实现保障农业发展的基础，也是乡村实现土地可持续利用的先决条件。日本是典型的可耕地资源稀少的国家，因此，政府对农用地的保护极为重视，采取诸多措施以保护农用地。日本政府对农用地买卖、转用、占用等均制定了相关法律、法规，以保护农用地不被肆意占用（图 2-7）。

2.4 乡村建设用地产权及施用权规则

土地产权及施用权规则一般是指权利主体把土地权利全部或部分转让给其他主体的行

为，是土地制度中的重要内容之一。建设用地流转主要针对建设用地使用效率低、土地闲置等问题，可推动调整土地利用的结构、布局，优化土地资源配置。在建设用地流转过程中，需要主要注意以下问题：

1）法律政策

乡村建设用地流转，涉及乡村居民、投资机构、乡村产业结构调整等方面的问题，政策法规具有十分重要的作用。健全的法律体系也是推动建设用地流转的重要保障。同时，法律法规也对监督、规范土地流转的正常运行，防止乡村居民的利益受到损害等均有重要意义。

2）产权

农村土地产权问题是农村建设用地流转的主要问题。德国、美国等发达国家由于私有化程度较高，土地产权制度成熟完善，因此具有清晰的产权关系。美国、德国土地所有者可在市场上自由交易、抵押和租赁土地。以美国为例，美国不仅设有专门法律保障私人之间的土地交易，同时对政府与私人之间的土地交易也有严格的规定，即使因为公共利益（如兴建道路、车站等基础设施）需要占用私人或共有土地，也必须通过购买、交换等手段取得。

3）乡村居民权益的保护

保证土地流转双方利益分配的公平是土地流转的核心内容。建设用地流转过程中，私人之间、政府与私人之间的土地交易在所难免，如何确保交易的公平，是保障乡村居民利益不受侵害的关键。欧美各国在建设用地过程中为此采取了多种措施，如健全法律制度、加强监管体系、增设补偿机制等。这些措施为中国新一轮乡村建设提供了大量可借鉴的经验。

第 3 章　旧村更新

3.1 旧村历史风貌的保护

历史风貌是旧村最脆弱的保护元素,也是旧村最具表现力与感知力的部分。传统格局、乡村建筑、传统街巷、绿化种植的整体特色以及井、树木、桥等环境要素是历史风貌的组成部分。历史风貌的修复保护具有长期性、综合性、渐进性的特点,将旧村历史风貌的文化内涵、文化景致及价值尺度——传承,是旧村历史风貌保护的核心问题。

3.1.1 传统格局的保护

传统格局延续村落原始肌理逐步发展,保护传统格局是生态乡村保护规划的重要内容之一。传统村落受到现代市政设施或技术的影响,简单的村镇建设竖向设计(如修路拓路、民居翻建)的破坏以及对历史事件、民俗手工艺及宗教信仰发源地的保护意识薄弱。传统村镇的选址综合考虑排水防涝、用地经济性、交通便利、防御性便捷及战争、宗教信仰及历史事件等因素,形成合理的建设用地竖向规划(图 3-1)。旧村的保护规划控制重点主要集中在以下几方面:

1)历史特征与人文内涵的整体布局

针对传统的竖向组织方式及规律,与民俗相关(历史事件、宗教信仰及民间传说)的地形地貌,传统的排水明渠和排水组织方式,展示村落地形地貌与周边山体水体之间存在的紧密对应关系,形成特有的文化景观。

2)自然与人文环境的双重保护

针对整体自然环境的保护主要包括:周边山体形态、植被物种景观、保护水体及环境要素的相对位置等方面;人文环境的保护,主要集中在旧村旧镇区、街巷格局、台地布局、乡村建筑方面。根据旧村落的历史性,赋予乡村文化内涵。

3)历史传承的合理化改造

旧村落的规模限定,传统街巷走向与肌理的保护及古建筑的生态修复是传统格局的保护重点。在改造的过程中,注意对传统街巷的结构、宽度及形成建筑物尺度的保护。

4)乡村古建筑群档案库管理

建筑是构成乡村的基本单元,古建筑群采用"标签"管理。从古建筑群历史特征、年代及稀有程度,建筑的平面布局、面积、高度等技术资料,古建筑室内及历史构件资料,建筑立面、平面的通用性,剖面测绘图档等资料,建立古建筑档案数据库,根据保护规划要求,提出保护更新方案。

■ 图 3-1　四川省平昌县生态设施

3.1.2 乡村建筑的保护与更新

1）保护类型

（1）民用建筑：包括居住建筑与公共建筑。居住建筑主要以住宅、宿舍和宾馆等为主；公共建筑主要以学校、图书馆、行政办公楼、邮局、车站等为主。

（2）农业建筑：主要是指用于农业生产的房屋。农业建筑的应用类别较多，主要包括畜牧建筑、温室建筑、农业库房、仓库建筑、水产品养殖建筑等。

（3）工业建筑：是指乡村村民用于各类生产活动的建筑物及构筑物。建筑物以冶金厂房、化工厂房、机器制造业厂房等为主；构筑物以水塔、发电站及贮存生产用的原材料和成品的仓库等为主。

（4）宗教建筑：是指用于乡村建设，且与宗教有关的建筑，是村落特有的文化景致，如佛教寺庙、清真寺、教堂等。

2）更新方式

传统村落更新的实质是乡村历史文化的延续，村落的古建筑是村镇内宗族的繁衍分化、等级关系的物质载体。在传统聚落环境下，古建筑的布局、尺度、形式、材料和色彩以及古建筑所表达的文化特色能否得到有效的传承，是乡土建筑保护与更新面临的考验（图3-2）。更新主要包括3方面的内容：

（1）改建（Redevelopment）：为满足现代生活的需要，提高环境质量，通过开拓空间的方式，保持古建筑传统式样，对古建筑进行内部改造，如为弥补古建筑天然材料的缺陷，

■ 图 3-2 台湾九族文化村

■ 图 3-3 江西省婺源县乡村建筑保护

可用人工材料对古建筑进行改造。

（2）生态修复 (Ecological Reconstruction)：乡村建筑具有较大的设计空间，对当地传统建筑中衍生出可供选择的建筑式样，进行生态修复，用生态的设计理念，体现乡村建筑的修复再造（图 3-3）。

(3) 保护 (Conservation)：对现有的建筑物的格局及式样加以保护和修缮，保护乡村建筑的历史及文化价值，是避免乡村建筑继续恶化，采取的一种缓和、耗费最低的方法。

3.1.3 传统街巷保护

传统街巷空间是乡村的脉络，其具有独特的线形空间肌理，是反映乡村人文景观与古建筑风貌的主要廊道。

传统街巷空间注重保护沿街立面的相似性、统一性、连续性。连续与曲线并存的界面，不仅可以丰富传统街巷可识别性和空间意向概念，而且使街巷内不断呈现出细微的收缩、转折、放大的形式。街巷沿途的牌坊、街头小品、铺装图案、路面材料及色彩效果形成丰富的空间层次，充分体现沿街民居的建筑风格与街巷特色的对应关系，统一之中蕴含着变化，传统街巷以古朴的态度从两侧建筑的尺度、细部处理中，传递着古村落的生态文明伦理。

街巷具有服务、步行、休憩、村民人际交流的功能。街巷包括路肩、边沟和道路红线。传统街巷的宽度、走向以及周围建筑物的尺度的保护，应在保持街巷整体结构的前提下，进行改建、扩建。村庄内主要道路的生态建设以铺装路面和分离的人行道的方式进行，如总体扩宽在7m以内，路面宽度约为5m，路肩宽度约为0.75m，单边人行道宽度约为1.25m。而在传统的街巷中，是只允许车辆拥有蠕动速度的小尺度空间，几乎没有道路退红部分。街巷两侧建筑物的改建、扩建所引起的街巷的高宽比 (H/D) 的变化应在40%以内，以保持街巷的空间尺度。

此外，传统街巷承担着各种安全预警功能，是上下水设施支管线布置的场所。在日本，地质灾害频发，传统街巷的建设因地制宜地考虑村民在地震房屋倒塌时，依然还可以使用街巷逃生。一幢5～6m高度的房屋倒塌后，可能完全覆盖1m宽的道路，一般不太可能完全覆盖3m宽的街巷。所以，以3m作为街道空间尺度的宽度标准（图3-4）。

标志性的公共基础设施建设是传统街巷保护中的重要元素之一。标志物是传统街巷的"软建筑"，如古树、古井、神龛（图3-5）等。标志物在传统街巷中具有很强的识别性，能够强化街道空间的场所感。

3.2 传统乡村的生态恢复与重建

传统乡村的生态恢复与重建是指运用一定的生态、工程的技术和方法，通过对乡村进行建筑整治、绿化整治、空间整治及设施的保护与更新，重建退化的生态系统。生态系统的恢复过程又称生态系统退化主导因子的切断过程，村庄系统内部的资源得到合理的配置，进而将村庄内部的物质、能量、信息进行时空秩序的转换，使乡村生态系统的恢复依据改造 (Reclamation)、修复 (Rehabilitation)、再植 (Revegetation) 等方式，恢复到一定的或更高的水平。

3.2.1 保护与更新的方式

乡村的保护与更新保持了生态系统的真实性、统一性、完整性，在生态恢复与重建的过程中，实行动态保护、公众参与、改善生活的原则。乡村的生态恢复的方式主要有生态

■ 图3-4 日本街巷保护　　　　　　　■ 图3-5 日本乡村民俗保护——神龛

系统的自然恢复及生态系统的人工恢复。生态系统的自然恢复遵循生态演替、生态位等原则，展现乡村物种与环境之间共生、竞争、互惠关系的过程，使恢复后的生态系统稳步、持续地维持与发展。生态系统的自然恢复过程受到时间的影响大。例如，乡村农业生态系统遭受弃耕后，经过时间的更替，而产生的次生演替，实际上是一种自然恢复。

　　生态系统的人工恢复在遵循自然规律的恢复上，进行生态系统的保护与更新。生态系统的人工恢复能力与生态系统的自我恢复能力不同，恢复所需的时间也不同，确定生态系统的退化程度、恢复方向、保护村庄的行为主体、古建筑的维修使用原则以及新建筑的风貌定位是生态恢复与重建的研究重点（图3-6）。乡村的保护与更新重点围绕以下几个方面进行：

　　（1）建筑整治：针对古建筑的保护与维修、新区的建设整治、院落肌理维护、民居的宅基地使用状况等问题，制定保护框架，恢复到最初的"自然"状态。

　　（2）空间整治：地形环境、村落形态、文化景观和建筑空间的有机整合和保护修复，应采取保留、保护、更新、改善等不同的保护与更新方式。

　　（3）绿化整治：针对古村落水系、植被覆盖率与土壤肥力的可持续发展、种群组成的生物多样性、生态群落的恢复、环境保护等方面进行整治，使村民在恢复和重建的过程中，处于无污染、健康的美丽乡村。

　　（4）设施的保护与更新：古村落的消防、古井、道路桥梁运输、路巷维修、卫生设施

■ 图3-6 日本乡村建筑的保护与更新

等方面。例如，乡村街巷避免采用城市热力管线，新增管线尽量采取下埋式，埋藏深度在当地冻土层深度以下。

3.2.2 新建建筑与生态建筑控制技术

新建建筑应该与乡村原有建筑相协调，改建、扩建、新建的层数与高度以原有建筑作为参照。乡村的生产活动与生活场所的现代化增加了对能源、物质及建筑物的消耗，生态建筑通过建筑节能、可持续性建筑材料、沼气利用、太阳能利用等技术及自然采光与自然通风、采暖与照明条件的改善利用，有效地减少不可再生能源的利用，保护乡村的生态环境。

1）可持续性建筑材料

木材、空心黏土砖、石头、水泥、木纤维合成墙板、粉煤灰混凝土等通常被作为乡村生态建筑的可持续性材料。如空心黏土砖或具有减轻建筑物的自重，减少基础荷载，节约工程造价的优点。生态建筑建筑材料一般需要满足的条件有：①可再生；②废弃物最小化；③耐用性强；④以最小的能源消耗生产；⑤交通运输最小化。德国乡村的生态住宅禁止采用污染大、能耗大的铝板和PC板，采用加工处理过的木材制品作建筑骨架、墙体、楼板，并对建筑材料中有毒化学物质的含量有严格规定。

2）自然采光与自然通风

乡村的生态综合楼、独户式农民生态住宅，为了最小化对野生动物、人类和气候的影响，建筑最大限度地减少人工照明，利用自然光为建筑提供室内空间的照明，改善居民照明质量和身体康健状况。此外，庭院式生态民居住宅通过栽种绿色植物等方式，增加院内日光漫反射强度，提高民居室内的照明条件。

双层玻璃幕墙能够提高自然通风的效率，是欧洲生态建筑中较常用的幕墙之一。双层玻璃幕墙相当于"会呼吸的皮肤"，间层内空间大，气流和温度分布其中。双层玻璃幕墙不但可以提高建筑围护结构表面温度，而且可以在间层内通风，减少建筑冷负荷。

3）建筑节能技术

（1）节能改造。被动屋又称"被动式太阳房"，是完全依靠自然的方式（辐射、传导及自然对流）吸收、积蓄、释放太阳能热量的生态建筑。3层玻璃、通风装置、墙体及隔热装置是被动屋的基本组成要素。为了吸收更多的阳光，建筑物一般朝南，用3层隔离窗，将热量围护在室内；自动通风系统是被动屋的核心组成之一，其原理是从废气中抽取热量，循环再利用此热量作为新吸入的新鲜空气的"加热器"；墙体具有围护功能外，还承担着太阳能系统的集热蓄热的功能；高效的隔热装置防止热能从墙壁、屋顶和地板流失，不仅可以储存各种热量，而且达到空气交换率的最优化。德国有许多"被动屋"是通过把传统房屋翻修而成，经过改旧的"被动屋"被称为"3升房"。德国旧式公寓每年每平方米居住面积消耗约20L燃料用于供暖，"3升房"每年每平方米居住面积的供热消耗不超出3L油。"3升房"采用储能隔热砂浆技术以及可回收热量的通风系统、燃料电池组，进行节能改造，"3升房"成为全球建筑节能改造的典范（图3-7）。

（2）墙体节能。生态建筑常采用中等密度的稻草板材作为墙体材料，高密度的稻草板材作为地板。稻草板材是以清洁的天然稻草和麦草等农作物秸秆为原料，异氰酸酯树脂作为胶粘剂，将秆状农作物加工成碎料状的原料，经过加工处理，制成甲醛零排放的人造板材。稻草板材具有节能、环保、节土及节约建筑成本的优点。采用稻草板材建成的房屋具有基础的承重荷载小，拥有良好的抗震性能、重量轻的特点。采用农作物秸秆作为生态建筑的材料，可减少秸秆弃置农田或采用焚烧处理的现象，有利于生态环境的保护。

4）沼气利用技术

生态建筑采用以净化为目的的沼气净化池，沼气池建在背风向阳的畜禽舍及生态厕所下，生态厕所因设有沼气净化池，粪便可以就地发酵净化，解决乡村环境卫生中存在的脏、臭、乱的问题。

■ 图 3-7　德国乡村节能建筑——被动屋

5）太阳能利用技术

生态建筑常采用太阳能集热技术和太阳能光电技术，太阳能集热技术通过集热器把阳光中的热能储存到水或者其他介质中，这些储存的能量在集热器中进行热量交换变为热水供给村民生活使用；太阳能光电转换技术通过太阳能电池把光能直接转换成电能，直接为建筑物提供照明。德国弗赖堡市是德国人均拥有太阳能电池板装置最多的城市，生态社区的太阳能光电板可以根据一天中太阳的高度角和方位角调整角度和方向，以最大限度地利用太阳能，满足建筑能耗的基本需要。

第4章 生态乡村基础设施建设

4.1 生态乡村交通

交通是乡村重要的公共的基础设施。生态乡村建设离不开交通，而乡村交通也成为乡村建设发展的首要前提。

4.1.1 交通规划

乡村交通与城市交通不同，乡村交通工具复杂多样，既有小轿车、客运汽车等机动车，也有如农用汽车、拖拉机等不同类型的货运汽车，还有自行车等非机动交通工具。乡村交通工具虽然多样，但一般多是以短途运输为主，这源于乡村居民居住范围相对较小，作业区间半径较小，居民大多以步行交通为主。此外，乡村居民自由作业，随意性较大，人流量不集中，因此不会出现城市的交通拥堵现象。

基于不同于城市的交通特点，要求乡村具有不同于城市的交通规划。

1）乡村对外交通规划

乡村对外交通一般是指乡村地区沟通乡村地区与等级公路、铁路车站、水运港口、码头的连线，或是村与村之间的连线。对外交通的道路一般多为短线道路，道路等级偏低。乡村对外交通的规划要根据乡村的物流量、客流量和通车条件进行规划，道路不宜过分追求宽度、长度，以免造成土地资源的浪费（图4-1）。

2）田间交通规划

田间交通是农民从事农业生产活动必要的基础设施，是影响农业生产的要素之一，属于乡村建设的重要组成部分。田间道路可促进有效耕地的增加，是改善乡村生产环境和改善农业生产条件的重要前提（图4-2）。

■ 图4-1 日本乡村交通

■ 图4-2 浙江省安吉县田间道路

3）村内交通规划

乡村地区村庄内部的交通规划要因地制宜，根据村庄层次和规模来确定，例如道路宽度、等级应按人口数量和交通流量来确定。村庄道路系统选线位置要合理，主次分明，功能明确。规划村内交通过程中，注意充分结合地形、地质、水文条件，合理规划道路走向，力求在规划的过程中兼顾改善村庄环境，与绿化工程相结合，组织村庄景观。

4.1.2 道路规划

国家按照行政分级原则把公路分为国道、省（州、邦）道、县乡镇道路。乡村公路一般称为县乡公路、地方公路、乡村公路（或者叫作低交通量公路）。一般乡村公路运输强度虽然不大，但数量较大。保障农村公路的数量在经济和社会发展中具有重要的作用。

一般乡村公路是由国家投资建设及养护，但乡村道路建设不仅是依靠资金就可完善，仍需满足以下条件：

1）因地制宜

公路设施建设应坚持可靠、耐用、适用、实用原则。根据乡村地理条件、经济水平、交通需求、资金供给和公路使用功能。利用地形，合理选择路线方案、技术指标和路面结构形式。道路规划的科学与否，直接关系到乡村农业区划、土地总利用、基础设施等方面的建设与实施。同时，公路交通设施的规模、布局、等级标准及管理服务体现了乡村实际和农民需求。乡村道路建设既要满足当前需要，又要兼顾今后发展。如韩国釜山甘川文化村因地势原因，道路规划多考虑到路面构造，注重路面的防滑性（图4-3）。

■ 图 4-3 韩国釜山甘川文化村道路

2）科学规划

道路规划目标要有科学性、实用性，要与乡村建设规划相统一，与经济发展目标相适应。乡村道路建设目标要达到打通城乡间的连接线，建立交通网，缩短里程，降低成本，提高效率。

3）科学管理

乡村道路必须注重科学管理，形成公路建设、公路运输管理、公路养护一体化的乡村公路管养体制，使乡村公路长久发挥作用，为乡村发展提供交通支持，最大限度地发挥乡村公路的社会效益和经济效益。

4）注重生态环境保护

在乡村公路规划建设中，尽可能防止和减少对自然、生态及人居环境的影响，通过优化设计、旧路利用、占补平衡及借土回填造地，减少占地，减少拆迁，最大限度地利用旧路资源和工程设施，注意保护人文景观和文化传统，维护乡村历史文脉和乡村民风民俗。

5）确保道路质量与效益

道路质量与其带来的效益是乡村公路建设成败的关键。合理确定乡村公路建设的规模和速度，把公路的工程质量和效益质量放在第一位。优化设计、精心管理，在保障道路建设质量的同时，确保道路建设可为周边乡村地区发展起到支持作用。

4.1.3 乡村道路生态化

道路建设会占用原有的土地，改变原有用地的性质，无形中造成了生态环境的破坏，地表水的渗透减少、水质变化、能源消耗（道路建设用材消耗）等情况出现。因此，为减少道路建设过程中对生态造成的恶劣影响，道路生态化成为乡村生态绿色交通的重要环节。

1）道路规划以生态优先

在道路规划过程中，必须坚持生态优先原则，合理控制乡村地块开发利用，结合现有生态环境设计乡村布局。要求乡村交通有序发展，合理规划乡村道路框架，将生态考虑深

■ 图4-4 乡村道路

■ 图4-5 与景色融为一体的公交车站

■ 图4-6 道路绿色景观

入到规划的各个环节,考虑生态需要。

2)优化道路布局

道路数量并非越多越好,道路面积也并非越大越好。过宽的车道,不仅未能有效地利用道路宽度,反而影响交通流畅性。优化道路布局,以保障交通流畅合理为前提,降低乡村道路的面积(图4-4)。

3)道路景观化

道路景观化是道路生态化的重要途径之一。在道路周边可增设绿化带,周边安置路灯、路栅、座椅、电话亭、自然植物具有净化空气、除尘、防风、降低噪声等功能(图4-5)。道路建设中加入大量绿色景观,保留绿地空间,可有效改善生态环境,防止空气污染,同时,还可给人以美的视觉享受(图4-6)。

4)建设材料绿色化

在道路建设材料选择中,尽量采用有利于生态的材料,减少能量消耗大的材料,而且对一些使用后造成环境污染的材料时,应该采取必要的防范措施。此外,还应考虑路面材料和路面结构的渗水力等因素,保障道路规划的科学性和道路的使用寿命。

4.2 生态乡村水资源

水资源是保障乡村居民日常生活最基本的基础设施,也是极为复杂的系统。乡村供水资源不仅要满足乡村的日常生产生活用水需求,还需保护水源不受污染,保障乡村用水的安全性(图4-7)。

4.2.1 乡村用水

乡村用水主要包括生活用水、生产用水、消防用水和绿化用水。生活用水一般是指人们日常生活中的用水(包括饮用水,洗衣、洗澡、冲洗厕所用水以及公共建筑用水等),直接关系到人们的身体健康,水质要求极高(图4-8);生产用水是指乡村农业、工业生产

■ 图 4-7　江西省婺源县乡村的亲水空间

■ 图 4-8　乡村生活用水保护

用水，不同的产品、不同的生产工业对水质的要求不同；消防用水是为保障人们生命财产，用于扑灭火灾的用水；绿化用水是为保持乡村绿化正常生长所需的用水量。

乡村庞大的用水需求，要求乡村具有科学、安全、高效的供水系统。乡村应根据自身情况采取各种措施以解决供水问题。

1）适度规模集中供水

适度规模集中供水是解决乡村饮水安全问题的最佳选择和根本出路。适度规模集中供水有利于降低人均工程造价和制水成本，提高管理水平，确保水质，保障饮水安全。此外，适度规模集中供水工程具有可持续运行，抗击自然灾害能力强，供水质量容易获得保证，管理方便，可节省资金等特点。

2）加强供水工程的规划设计

供水工程的建设质量是村镇供水单位提高优质服务的前提。应制定科学、严格的供水单位标准，科学组织供水工程的设计，符合国家有关设计标准的规定要求十分重要。

3）加强水质检测

完善乡村集中水厂的建设、运行管理是保证饮水安全的关键。为保证饮水安全，供给乡村居民的饮水要经过净水工艺处理，进行严格消毒。为提高供水的质量，首先要求设计的净水工艺科学合理，设施运行可靠，在运行中要严格管理。同时，要加强对水源的保护及水质检测，确保饮水安全。

4）供水工程水价核定和水费征收

供水工程虽属基础设施建设，但仅靠政府资金支持不利于可持续发展。水费计收和合理补偿机制的形成，是确保工程良好运行的经济保证。水价的制定是关键，水价是否合理直接影响水厂的运行、管理以及发展。

4.2.2 乡村水源生态保护

乡村给水水源一般分为地表水和地下水。地表水包括江、河、湖、水库水等；地下水包括承压水、裂隙水、熔岩水和泉水等。地表水极易受各种地表因素影响，浑浊度与水温变化较大，易受污染，但径流量大；与地表水相反，地下水不易受污染，但径流量较小。

水源的质量与乡村生产、生活息息相关，为了防止给水水源不被污染，必须对给水水源采取卫生保护措施，设置防护地带，从根本上保障乡村给水的安全性。水源的生态保护措施主要包括：

1）健全法律、法规

国家对水源，特别是生活饮用水源制定了严格的法规。法律、法规对保护水源起到监管、维护作用，保护水源不因人为原因受到污染或破坏。因此，保护乡村水源，首先需加强有乡村特点的水污染防治立法工作，建立完善的乡村水污染监督机制。

2）合理规划，严格限定水源周围建设

水源周边建设需要统一规划、合理布局、综合治理。欧美国家均对水源周围建设制定了严格法定条件，如：河流取水点上游1000m至下游100m的水域内，不得排入工业废水和生活污水；其沿岸农田不得使用工业废水或生活污水灌溉及施用有持久性或剧毒的农药（图4-9）。

■ 图 4-9 乡村水源的保护

4.3 生态乡村污水处理

乡村污水含有大量的营养盐、细菌和病毒等，容易污染地下水，造成湖泊的富营养化，降低流域的水质。为了保障乡村地区饮用水安全、水源不受污染，污水处理系统必须高效、科学。

1）生活污水处理技术

生活污水是人们日常生活中使用过的水，这些污水大多来自厨房、厕所、浴室等。生活污水中含有大量的有机物质和细菌，细菌中含有大量病原菌。首先生活污水必须经过适当处理，使其水质得到一定的改善之后才能排入江、河等水体。

乡村生活污水处理技术主要包括：腐化池加渗滤系统、腐化池加滤床、大腐化池加湿地、腐化池加稳定塘、腐化池加生物接触池、腐化池加生物滤池、腐化池加活性污泥系统。不同技术有各自不同的优势和劣势，乡村可根据需求选择应用不同的处理技术。如德国某些州规定大腐化池出水必须用生物接触池进行处理，污水由固着生长在生物接触池上的好氧微生物降解，曝气受空气与污水接触或压缩空气的喷射效果影响，处理能力非常高。

2）乡村污水处理建设

污水处理是有效削减水污染物，改善水环境质量，提高乡村居民生活品质的重要措施，对改善乡村环境和建设生态乡村具有十分重要的现实意义。

（1）污水管网建设。污水管网的建设健全与否直接关系到污水处理厂的进水流量和进水浓度。如果配套管网的建设不合理，会导致进水流量明显低于设计规模，进水浓度也明显偏低，致使污水处理厂没有发挥应有的效益。

（2）推进专业化。由于乡村地区污水处理规模较小，污水处理运行管理相对城市较为落后，容易引入不具备专业化能力的私人资本。加大推进乡村地区污水处理的专业化有利于大幅度提高乡村污水处理效率，提高污水处理管理运营服务的潜在利润，从而实现污水处理的可持续发展的目标。

（3）加强污水处理厂的运行管理与监督。污水处理厂达标与否直接关系到该地区水资源质量。乡村污水处理厂应建立规范的操作流程，建立相关的日常运行管理制度，遇到突发情况应具备相应的应急管理能力，同时加强污水处理厂日常的运行维护和相关工作人员的从业能力培训。

4.4 生态乡村绿化

乡村绿化是乡村生态建设的重要组成部分，对改善生态环境，促进乡村生态经济协调发展有重要作用。建设生态乡村需要将景观绿化列为重要内容之一。

4.4.1 绿化的作用

绿化具有多种作用，是建设可持续生态乡村的重要内容。绿化不仅可改善、保护生态环境，也可带来经济效益，是具有多重功能的重要生态手段。

1）调节气候，保护环境

良好的绿化环境可降低太阳辐射温度、调节气温和空气湿度，对村庄的小气候具有改善和调节作用。绿色植物可吸收空气中的 CO_2，释放 O_2，吸滞烟尘的能力强，并具有一定的杀菌功能。许多实验证明，绿化地带比无绿化的闹市街道，每立方米空气中的含病菌量少 85% 以上。此外，林木能通过根系吸收水及土壤中溶解的有害物质，净化水质和土壤，对改善环境有极大帮助。

2）美化环境

建筑、道路等属于硬质景观，而绿化属于软质景观，只有"软"与"硬"合理布局、配合，才可形成和谐优美的总体景观。绿化景观与建筑、道路等景观组成形态不一，却又和谐统一，具有当地特色的优美景观，丰富乡村的主体轮廓，丰富乡村的优美景色（图 4-10）。

3）安全防护作用

大块的绿地可起到防火隔离和缓冲的作用，防止火灾蔓延。此外，在地震等灾难发生时，大块的绿地也可作为人们疏散、避难的场所。

4）发展经济效益

绿化不仅具有生态功能，同时也具有经济效益。不同的乡村地区根据不同的地点和条件，因地制宜，种植有特色、有经济价值的植物。如欧洲一些乡村地区以种花、销售鲜花为其主要经济收入。

4.4.2 绿化规划

乡村绿地是乡村绿化规划的重要组成部分。乡村绿地可分为：公园绿地、防护绿地、附属绿地、其他绿地。公园绿地指乡村地区服务于各村庄的公园绿地，以及路旁、水旁宽度大于 5m 设有游憩设施的绿带；防护绿地指用于安全、卫生、防风等的防护绿地，如水源保护区防护林带、铁路和公路的防护林带等；附属绿地一般指除绿地外其他建设用地中的绿地，如居住区内的绿地；其他绿地指水域和其他用地中的绿地，如林地、苗圃等用地。

乡村绿化规划过程中，需协调各类型绿地间布局设置，以充分发挥绿地功能。具体规

■ 图 4-10 乡村绿化

划原则可以概括为：

1）因地制宜

利用现状条件，对原有地形进行深入分析，因地制宜地选择场地，合理布置公园绿地、防护绿地、附属绿地和其他绿地。如部分乡村地区设有坑塘、沟壕、小型河流等地形地物，可充分利用这些自然地形地物进行绿地规划设计（图 4-11）。

2）功能性原则

统筹兼顾功能与设计两者的关系。绿化应和功能布局协调，服务于功能要求，做到绿化景观与功能相结合、统一，既考虑绿地的实际功用，又反映乡村独有的生活气息。

3）突出特色

乡村不同于城市，具有自己独特的风土人情、民俗文化。乡村绿化不应照搬城市绿化

■ 图4-12 日本乡村绿化特色

■ 图4-11 利用水塘的绿化景观　　　　■ 图4-13 中国台湾地区乡村绿化特色

方法，绿地规划也应以乡村实际情况出发，以突出乡村特色，形成乡村特色景观为目的。乡村绿地规划过程中，需充分利用自然地形地貌，结合自然条件与地域文化，注重利用和保护现有的自然树木与植被，充分体现乡村的风情（图4-12、图4-13）。

4）生态为先

绿化虽具多种功能，但主要功能仍为"生态"，绿地规划也同样。绿地规划不应盲目追求绿地面积，应以生态功能最大化为先，因地制宜，合理布局，为生态乡村建设提供帮助。

第5章 生态乡村能源

5.1 太阳能利用

太阳能是一种清洁、高效和永不衰竭的新能源，太阳能的合理利用对发展可持续性生态乡村建设具有重要的意义。

太阳能资源的开发利用可缓解乡村能源紧张，改善乡村生态环境。在一些经济比较落后且生态较脆弱的乡村地区推广太阳能利用技术，可以进一步解决这些地方乡村用能的问题，并能更好地保护自然环境。

比较有代表性的乡村太阳能利用技术有：太阳屋、太阳能干燥技术和太阳能大棚。

1）太阳屋

太阳屋主要有主动式太阳屋与被动式太阳屋。主动式太阳屋拥有强制循环太阳能采暖系统及太阳能空调系统，但一次性投入大，不适合乡村民居住宅的使用；被动式太阳屋（简称"被动屋"）利用各种隔热材料和建筑材料，防止隔热层的热能从墙壁、屋顶和地板流失。被动屋具有很好的通风、保温和热交换性能，能在没有专门的供热和供冷设备情况下保证室内拥有舒适的小气候。这种采暖方式比普通房屋节能 2/3 ～ 3/4，比预制板简易房屋节能 4/5 ～ 5/6（图 5-1）。

■ 图 5-1 德国生态乡村社区太阳屋

■ 图 5-2 德国弗赖堡市屋顶太阳能装置

2）太阳能干燥技术

太阳能干燥装置缩短农副产品的干燥周期，抛弃了在太阳下暴晒干燥农产品的方法，使农副产品免受昆虫、尘埃及家禽的啄食污染。

3）太阳能大棚

随着技术的不断延伸，太阳能大棚的种植技术不断深化，开启了低碳农业发展的新模式，满足农作物生长的光照需要，达到生态效益与社会效益的同步发展。

此外，在德国的生态乡村的住宅设置联排式的太阳能光电板，有利于采用密集型热力网，节能实用。板式节能住宅形成大面积的屋顶，此种建筑在德国生态村建设中具有代表性（图 5-2）。

5.2 风能利用

风能利用主要形式是风力发电，风力发电具有环保、可靠性高、成本低，是乡村可持续发展中可贵的能源之一。风能作为一种无污染和可再生的新能源具有巨大的发展潜力。利用风能缓解乡村居民能源不足导致的用电问题，为乡村居民生产与生活提供能源，保护生态环境。在德国汉诺威的生态乡村，采用全新概念建设的绿色环保小区。小区全部采用风能，无需外来电力供应。

1）风能特点

（1）可再生性。因风能是太阳能的变异，所以风能与太阳能相同，是取之不尽，用之

■ 图 5-3　德国乡村风力发电装置

不竭的可再生能源。

（2）不可控性。风能是太阳能的一种形式。太阳光对地球表面不均衡的加热，造成了大气层中温度和压力的差别，风的运作起着减小这种差别的作用。风速随大气的温度、气压等因素的不同有着较大的变化，是随机和不可控的。

（3）生态性。风能是清洁能源，应用于发电或其他领域，不会造成环境负担，如不会出现 CO_2 和其他温室气体排放、酸雨、气候异常、石油泄漏等问题。

（4）广泛性。风能分布广泛，不受任何地域限制，任何地区都可发展风能。风能的发展应用，对解决国家或者地区的能源紧缺问题具有很大帮助。

2）风能利用

乡村地区风能利用由来已久，主要以风力发电为主。相对于其他发电方式，风力发电具有多种优势。

（1）生态环保。风能为可再生资源，清洁、无污染。相对于火力发电，风力发电不会向大气排放 NO_x、SO_2 以及粉尘等污染物和 CO_2。发展风力发电对于减少排放温室气体，抑制全球气候变暖具有重要作用。

（2）成本低。从社会成本角度看，风力发电成本远低于传统的火力发电。风力发电价格虽略高于火力发电，但由于风能是用之不竭的清洁能源，没有原料成本，无需考虑污染问题，而火力发电还需还包括所排污染物的处理成本。此外，水力发电虽不存在污染问题，但水电厂的建造常伴随大规模的投资和移民，人力、物力的投入极为巨大。从长远看，风力发电成本远低于火力发电成本。

（3）广阔的发展前景。风力发电属于新兴产业，风电厂造价较低，其前景及潜力远远高于其他电力产业（图 5-3）。

5.3 生物质能

生物质能是绿色植物通过叶绿素将太阳能转化为化学能储存在生物质内部的能量。有机物中除矿物燃料以外的所有来源于动植物的能源物质均属于生物质能。生物能源具有非集中性、在地区性大面积停电时可提供电力应急保护等优点，可用于发电、供热和用作动力燃料，为农业发展提供一种新的选择。生物质能的开发利用要求人们恢复植被，这种技术还有利于回收利用有机废弃物、处理废水和乡村污染治理。

5.3.1 沼气

沼气又称生物气，是有机物质在厌氧条件下经多种微生物分解转化而成，是一种以 CH_4 为主的可燃气体。沼气不仅能够有效地缓解乡村的能源短缺问题，而且对生态农业的建设有很大的促进作用。

沼气在乡村地区应用广泛。目前，沼气利用已发展有沼气发电技术、沼气燃料电池技术等。在乡村生态建设过程中，乡村内许多户用沼气池可将农户的人、畜类粪便放入沼气池，经过发酵，生成可燃沼气，解决农户的做饭、照明等生活用能问题。大中小型的沼气工程主要用于处理养殖场畜禽粪便，所产生的沼气可通过管道向居民集中供应，也可直接发电，作为动力、照明之用。

以德国为例。德国的沼气工程所产生的沼气主要用于发电，发电过程中产生的余热还可用于电联产工艺。沼气发电的方式主要是利用内燃机带动发电机进行发电上网。随着沼气净化提纯技术的进步，德国部分企业把生产的沼气经提纯后输入国家天然气管网。德国所有的沼气工程从设计、建设、施工以及环境保护，包括噪声和排放都严格按照欧盟相关标准执行。

沼气的应用与推广，对生态乡村的建设具有重要意义：

（1）可解决乡村能源紧缺问题，可增加有机肥料资源，提高生物肥质量和增加肥效，从而提高农作物产量，改良土壤；

（2）可节省秸秆、干草等有机物，减少乱砍树木和破坏植被的现象，使农业生产系统可持续发展；

（3）使用沼肥，可提高农产品质量，增加经济收入，降低农业污染，促进无公害农产品产业发展。

5.3.2 秸秆

农作物秸秆是一种宝贵的可再生资源，世界上种植的农作物每年可提供各类秸秆约 20 亿 t。干燥的秸秆具有良好的可燃性，秸秆燃烧值约为标准煤的 50%，即每 2t 秸秆的热值就相当于 1t 煤，且秸秆具有可再生性，含硫量极低，燃烧后还可作为优质的钾肥，因此是极为优良的能源资源。

最初的秸秆利用是采取直接燃烧的利用方式，这种方式低效、污染大。为了保持良好的生态环境，使乡村、农业可以持续发展，世界各地一直致力于研究更为高效、清洁的秸

■ 图 5-4 江西省婺源县乡村农作物秸秆的利用

秆利用技术（图 5-4）。

1）秸秆直燃供热

结合秸秆致密成型以及与煤的混合燃料技术等建设大中型秸秆发电厂或热电联产，是秸秆能源化的一个方向。例如德国最早利用秸秆发电的图林根（Thuringian）发电厂，一年可处理 3000t 的秸秆，电费是当时其他发电厂电费的 1/3。

2）秸秆热解技术

热解是在隔绝空气或通入少量空气的条件下，利用热能切断生物质大分子中的化学键，使之转化成低分子物质的过程。产品主要是木炭、热解油（生物原油）以及可燃气体混合物。秸秆制取生物油除作能源外还可以作为化工、材料等行业的原料，最终代替化石能源。

3）秸秆气化

秸秆气化技术是以秸秆作原料，以氧气、水蒸气或氢气作气化介质，在高温条件下通过热化学反应将秸秆中的可燃部分转化为可燃气的过程。美国、英国、加拿大等国家学者开发的循环流化床、加压流化床等，已实现了工业化应用，该工艺自动化程度和气化效率较高。

4）秸秆生物转换技术

生物转换是利用微生物（如厌氧菌、光合细菌、酵母菌等）在一定的温度和无氧条件下降秸秆降解产生小分子化合物（甲烷、乙醇等）的过程。生物转换主要包括厌氧发酵制取沼气和发酵制取乙醇。

5）秸秆固化成型

秸秆有机质纤维素、半纤维素和木质素通常在 200～300℃下软化，将其粉碎后，添加适量的胶粘剂和水混合，施加一定的压力使其固化成型，即得到棒状或颗粒状"秸秆炭"，还可再进行加工，处理成为具有一定机械强度的"生物煤"。通过秸秆固化成型所制成的炭、

■ 图 5-5 能源植物

煤等，是污染物含量较低的高品位的燃料。

5.3.3 能源植物

能源植物是指直接用于提供能源为目的的植物。科学研究表明，植物油的甘油三酯具有开发成燃油的可能性。为解决全球能源紧张问题，科学家们一直致力于植物油脂代替石油作为能源的研究。依据能源转化方式，目前主要涉及燃料酒精、生物柴油生产的能源作物和野生、半野生能源植物（图 5-5）。

1）富含糖类与淀粉的能源植物

利用这些植物所得到的最终产品是乙醇，世界上许多国家采取发展燃料乙醇替代部分石油的可再生洁净能源战略。富含糖类的能源植物最典型的代表是甘蔗和甜高粱，二者是发展能源植物的首选材料。富含淀粉的能源植物主要有玉米、木薯、马铃薯和小麦等粮食作物。

2）富含油脂的能源植物

富含油脂的能源植物的典型代表是大豆和油菜，此类能源植物所得到的最终产品是生物柴油。大豆油脂通过酶催化或酸碱催化的方法转化成脂肪酸甲酯。美国是最大的以大豆为原料生产生物柴油的国家，其为降低大豆生物柴油的生产成本，利用基因工程技术改造大豆品质提高其产油量，强化大豆油转化燃料油的加工工艺以提高转化效率。油菜是历史悠久的大豆油燃料作物之一。目前，油菜品种的含油量以甘蓝型油菜最高，为 36% ～ 47%。

3）富含类似石油的能源植物

富含类似石油的能源植物一般主要成分是烃类，如烷烃、环烷烃等，这类能源植物是植物能源的最佳来源。富含类似石油的能源植物品种多样，在其种子中或汁液中含有大量的油脂类碳氢化合物，如麻风树、棕榈、油桐、古巴香胶树等。这类能源植物被认为是未来能源植物发展的重点。

4）富含纤维的能源植物

富含纤维的能源植物所富含的纤维素是地球上最丰富的多糖，纤维素质原料是地球上最丰富的可再生资源。纤维素的利用关键是筛选优良的高效廉价纤维素酶并利用其发酵条件，以降低生产成本，提高其利用率。欧美国家从1986年开始研究芒属植物的能源利用。芒属植物可节约大量的人力、物力，有助于减轻土壤侵蚀，防止水土流失，改良土壤，降低环境污染，促进受破坏的生态系统恢复，实现资源能源环境一体化。目前，欧美国家已培育出几个生物量高的新品系，并计划作为优良的能源植物大面积推广利用。

第6章 乡村民俗保护与乡村文明博物馆

6.1 乡村民俗保护概况

民俗，即民间风俗，是一个民族或者原住居民为了适应群体生活的需要，在处于相同历史渊源、地理特征、民族语言、生活习俗及生存环境下，不断形成、扩大和演变为聚落的文化艺术。民俗是文化多样性的表达方式，2003 年，联合国教科文组织颁发了《保护文化多样性》的历史性文件，文件指出："文化多样性是人类文明链条的基本图式，与生物多样性一样，是人类社会生存的常态，对世界上不同历史、不同民族、不同社会文化模式的国家人民来说，保持文化多样性，是现代人权的内容，是人类可持续发展的重要策略。"[①]如何将乡村地区风俗及传统技艺传承，是乡村民俗保护的重要课题。

6.1.1 乡村民俗保护的特征

1）空间性

乡村的民俗在物质和精神上具有空间性。民俗保护空间构成，展现了文化、自然与社会之间的历史联系与现实活动。民俗的物质保护围绕土地、水利和粮食资源的生态平衡观念等进行保护。乡村的生态环境遭到现代化的破坏，导致乡村的生态与人文环境失衡；民俗的精神保护又是口头文化、社会关系、地方知识、传统工艺技能、宇宙观等空间要素的集合。在中国部分乡村节日期间耍狮子、舞龙灯等表演，通过绕游寺庙、祠堂、分界地的田埂、水源地、三岔路等内部地标的方式，确认家族和社区的空间范围。

2）地方性

地方性是指民俗依附于地方乡土的特性。将生态乡村居民的思维方式、情感模式、价值观念、社会功能与仪式传承和民族精神融合，将民俗原产地的构成与民俗保护种类的多样性构成相重叠，体现民俗生产地特有的"自然遗留"对乡村生态系统的生存依赖性。如韩国庆尚北道安东市以西，具有 600 年历史的河回村，乡村特有的民俗活动，如河回假面舞和船游绳火游戏。

3）可转移性

可转移性是乡村民俗为了适应现代化的需要产生的伴生特点，民俗以民俗旅游为载体，带动生态乡村文化资源的开发及商品化。民俗旅游是政府倡导民俗保护的一种方式，民俗旅游将自然景观与民族风情结合。其可转移性主要体现在：乡村的特色民居方面，在结构、建筑风格、建筑材料及建筑装饰等具有独特的民族性和地方性；乡村特色饮食习俗方面，乡村特色饮食习俗的形成，与乡村所处的地理环境、人文环境息息相关，为追求异地休闲

---

① 联合国教科文组织：《世界文化报告——文化的多样性、冲突与多元共存》，关世杰等译，北京大学出版社 2002 年版，第 31 页。

■ 图6-1 日本乡村民俗旅游

情调的游客带来品尝乡村特色民俗饮食的机会；节庆活动方面，丰富多样的节庆活动伴随乡村居民生活需要而产生。如中国蒙古族每年都会举行那达慕大会，包括摔跤、赛马、射箭、套马、赛布鲁等民族传统项目，同时，游客可以体验住蒙古包、穿蒙古袍、喝奶茶、吃手扒羊肉等。日本的秋川溪谷每年都会举办丰富多彩的民俗活动，"琴平神社"在4月份有狮子舞，"伊奈岩走神社"在9月份举办神轿和花车游行（图6-1）。

4）传承性

传承性是乡村民俗活动经历世代发展呈现的运动规律性。历史遗产具有静态性特征，

■ 图6-2 日本桧原村乡土资料馆

民俗遗产具有动态性特征，民俗遗产具有历史遗产的外部形式。民俗的传承性通过对传承文化与传承者进行进一步分析。在传承文化方面，如桧原村位于日本京都多摩地域西部，是东京都除了岛屿部分以外唯一的乡村。桧原村的传统文化遗产保留状况较好，戏剧、乐舞、曲艺等表演艺术得到延续，并通过兴建乡村资料馆的方式，展示乡村的民俗文化。在传承者方面，乡村存在着大量的民俗艺术家，具有工艺艺术和表演艺术的民俗艺术家通过对艺术技艺、作品、乐舞表演和传承活动的传承，培养乡村文化艺术的传人（图6-2）。

6.1.2 乡村民俗保护措施

乡村民俗与自然环境的协调，自然、人、土地为一体的乡村和民俗，使乡村保持自然本真的魅力。对乡村民俗的保护重点把握以下几点：

1）注重保护民俗遗产的原生态性

在长期发展中展现乡村文化遗产地与乡村民俗文化的途径是保护民俗遗产的生态性。人类活动会导致民俗遗产发生变异性，影响民俗遗产生存的范围和比例。将口头传说、节庆仪式、传统技术、审美工艺、历史建筑、地方知识等民俗特色资源进行保护，把现代乡村人类活动的影响减少到最低程度，传承民俗遗产原生态性的主导地位（图6-3）。

2）对民俗生产地进行法律保护

规范性文件是对民俗生产地进行保护的有效途径。将地方文化空间进行制度化管理，对民俗保护和文化传承资金来源、保护机构、保护和传承措施、人力资源及保护地居民的权利与义务的明确规定，是文化多样性长期存在与发展的法律保障（图6-4）。联合国教科文组织第17届全体会议通过了《保护世界文化和自然遗产公约》，保护传统民俗文化真实性。

3）建立乡村文明博物馆

乡村文明博物馆是民俗社区保护的一项重要内容。乡村文明博物馆是将民俗遗产、生活的区域性与乡村居民相联系，由权力机构与乡村居民共同规划、共同修建、经营管理的文化机构。乡村文明博物馆采用录音、建档、录像及数字化多媒体的方式，展现乡村社区自然环境与民间风俗文化内涵(生活传统、文化结构、民俗文物整体)(图6-4)。此外，在民俗社区内建立乡村文明博物馆民俗遗产保护名录，保护社区的民俗文化。

4）政府对民俗的申报保护与宣传

对能够申请《世界遗产名录》的民俗遗产，政府需承担和执行申报工作，并对保护基金使用和管理进行监督和检查。此外，政府倡导乡村居民保护民俗特色，注意民俗原产地居民依赖原有生活传统与民俗保护的历史地位。对民俗保护发挥示范作用及宣传作用，通过制定的法律与政策，加强对民俗生产地的监督与管理，建立安全的保护意识，改善乡村居民的文化价值观。

5）在民俗原产地进行伦理保护

民俗原产地的保护主要体现在民俗的情感价值、民俗权利及空间保护。民俗是具有感情的文化，针对民俗原产地的民俗资源进行伦理保护。情感价值方面，强化居民的民俗意识，将民俗保护作为日常的习惯，民俗的情感价值的表达方式通过对民俗资源的占有、文化的整合及民族共通性等方面展现。增强文化多样性理论的培训是乡村居民自身对乡村民俗的感情依附。民俗权利方面，

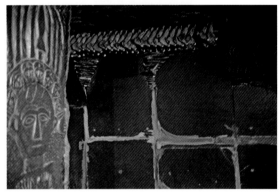

■ 图6-3 台湾九族文化村民俗活动

了解民俗生存依赖的关键传承人、关键地理资源、关键动植物、社会空间、文化传统，建立生产地的保护意识，使乡村民俗保护地的居民主体发挥民俗权利，体现其与民俗文化传统的内在和谐性。空间保护方面，对民俗网络中的祭祀建筑、民俗表演场所、水源地、手工技艺传承地进行保护，将种种民俗要素相连接，形成乡村民俗文化地图，通过乡村民俗志资料，了解民俗空间构成。

6.1.3 乡村民俗的表现方式

民俗是文化多样性中的民俗，不同国家以及同一国家的不同区域的乡村民俗呈现多样化，乡村的民俗表现方式包括的主要方面有：

■ 图6-4 台湾乡村民俗博物馆

1）风俗方面

（1）建筑。乡村的民居建筑是一个具有民俗特色的文化空间，门、庭院、墙壁、花坊、门墩等民俗要素，构成具有人文气息的人居环境。以民居的入口和庭院为例，民居的入口——门，是家庭联系外界的通道。韩国济州岛城邑民俗文化村的门具有独特的特点，该村的门是由民居入口的石垒矮墙构成的"石墩门"。伫立在入口两侧的石墩中，并在两侧分别凿设三个洞，石洞里插入木条的数量具有不同的意义：石洞内设置一根横插木条，代表民居主人已外出，可迅速回家；石洞内设置两根横插木条，代表民居主人已外出，需要约半日时间才能回家；石洞内设置三根横插木条，代表民居主人整日外出。民居院墙和居室之间的空地——庭院，是人文情境信息最为集中的部分。中国乡村古建庭院分为三个部分：人居空间，供乡村居民居住；祭祖空间，设置神龛；动植物生活区，用作人与自然相处的空间。

（2）驱邪仪式。驱邪仪式是中国传统乡村经常举行的仪式，主要分为镇宅驱邪仪式和祭祀驱邪仪式。镇宅驱邪仪式的表现方式根据地域的不同具有差异性，一般表现为在门前设置镇宅神兽、在门上张贴辟邪画像，或在房脊上安装辟邪物；有些乡村则在婚礼盛宴上，举行"新娘跨火盆"的祭祀驱邪仪式，寓意迎接吉祥驱逐邪恶（图6-5）。

（3）时令性节日。节日是民俗遗产的表达方式之一，时令性节日通过庆典、仪式表演及粮食馈赠等形式，纪念多种多样的节日。在日本的乡村，每年都会举办盂兰盆节，并跳盂兰盆舞。相传农田里的农作物是由恶灵在作怪导致庄稼遭受病虫害等灾害，乡村居民为了消灾，而跳盂兰盆舞驱赶恶灵。

■ 图 6-5 乡村民俗：驱邪仪式

2）宗教方面

宗教是乡村居民信仰的神灵空间，主要以佛教、伊斯兰教、基督教为主，是村民寄托精神、供奉信仰、产生希望和修复危机心理的途径（图 6-6）。宗教建筑是宗教表达的物质载体，其建筑艺术手法及举行的宗教活动影响乡村的民俗文化，并成为乡村的标志性景观。日本传统信仰神道，即日本的民族宗教，是日本文化传统的核心价值之一。水稻在氏神信仰中占据重要地位。日本冲绳群岛乡村的神道祭典上，水稻作为正式的供品，寓意生命力的来源，并被乡村作为重大节日共餐时的神圣食物。

3）文艺方面

（1）乡村音乐。乡村原生态音乐的风格、曲调、节奏都与乡村民俗生产地的地理环境与人文环境密切相关。主要题材表现与劳动话题、粮食话题、庆典话题、生态文化、信仰文化及出生文化相关。乡村原生态音乐在

■ 图 6-6 乡村民俗：宗教信仰

■ 图6-7 日本乡村数字民俗博物馆

田间耕作，表达了耕作者的务实精神及乐观的态度，是农民与农业生产环境相协调的民俗文化产物。

（2）口传

口传是表达民俗文化遗产的物质媒介，在口传活动中，传承者的个人魅力和文化记忆发挥重要作用。口传艺人通常将乡村的神话传说、民间故事、神灵崇拜、民间谚语及说唱民谣等作为口传的内容。口传的形式不受约束，口传艺人所陈述的内容或者传唱的歌谣，不受文本内容的约束，口传艺人具有很大空间的自由度，同时，口传艺术对后代具有教育意义，成为乡村教育的实施活动。通过口传可以缓和乡村内部矛盾，调节乡村居民的生活乐趣及调节人与自然的关系。

6.2 乡村文明博物馆概述

在上述章节，提到建立乡村文明博物馆是乡村民俗保护措施之一，本节内容通过对乡村文明博物馆的了解，介绍乡村数字节日博物馆和乡村民俗生态博物馆。

1）乡村数字民俗博物馆

数字化是乡村数字民俗博物馆的核心特点。通过文本资料的信息化处理，转化为合成数据，为现代居民与游览者提供多种更为直观性、生动性、可视化共享的民俗资料。乡村数字博物馆可以将民俗故事的表演形式、时间、地点、民族、节日仪式、舞蹈、形式、戏曲、服饰，用于数据库的建立、共享平台使用及可视咨询服务（QAI）（图6-7）。

2）乡村民俗生态博物馆

乡村民俗生态博物馆是指在一定的区域内，具有共同地域观、认同感的社区居民，与当地权力机构共同参与、共同修建、经营管理的"民俗遗产保护社区"。乡村

■ 图6-8 日本乡村民俗生态博物馆

民俗生态博物馆区别于传统博物馆的三个核心关键词是：遗产、社区、文化记忆。生态博物馆的关注点不仅仅是社区生态，还有社区居民和社区，生态博物馆的思想在亚洲得到广泛的重视。1995年日本成立了生态博物馆协会。在日本乡村民俗生态博物馆内展示的手工艺品——簸箕（图6-8），对其的民俗故事概述为：功能一：店铺开业时，用作吉祥装饰物，寓意生意兴隆；功能二：家中有女人出嫁时头顶簸箕，父亲并为其斟杯酒，置于簸箕上，寓意迎接吉祥，增添福气；功能三：在孩童庆生时，在装有年糕的簸箕内，让孩童踩踏，寓意身体强壮。

第7章 生态乡村农业

7.1 观光农业

观光农业是一种以农业和乡村为载体的新型旅游业，以农业生活为基础，传统农业与旅游业有机结合的交叉型产业。观光农业以充分开发具有观光、旅游价值的农业资源和农业产品为前提，把农业生产、科技应用、农艺展示、游客参与与农事活动融为一体，使旅游者充分体会到现代新型农业艺术及生态农业的大自然情趣。观光农业可有效发展农业生产，维护生态环境，达到提高农业效益与经济增长的双赢目的。

7.1.1 观光农业类型

世界各乡村地区自然环境、民俗风情、农业资源等情况各不相同，形成观光农业发展类型的多样性。按照功能划分，观光农业类型可分为观光农业园、农业公园、教育农园、森林公园和民俗观光村等；按照发展趋势划分，划分为农业娱乐型、农场化型和农家乐型等。

1）按功能划分

（1）观光采摘园。观光采摘园是观光农业最普遍的一种形式，主要服务于经济收入较高的城市居民，因此，一般多形成于城市周边地区。观光采摘园多设有特色果园、菜园、花圃等，供城市游客进园采摘水果、蔬菜，欣赏多彩鲜花，体验乡村风情。

（2）农业公园。农业公园是以公园的经营思路，将农业生产场所、农产品消费场所和休闲旅游场所融合为一体的观光农业类型。农业公园的规模大小不一，按照性质和功能需求而定，既有不足 1hm^2 的水稻公园，也有占地几十公顷的果树公园。

（3）教育农园。教育农园又称认知公园，是兼顾农业生产与科普教育功能为一体的农业经营形态。教育农园中的作物、动物、特色植物、农耕设施、传统农具展示等，可帮助游客了解农业知识，熟悉生态农业。教育农业的成功案例有日本的学童农园和中国台湾的自然生态教室等（图7-1）。

（4）森林公园。森林公园一般距城市较远，以林木为主要景观，地形多变，林地开阔，

■ 图 7-1 台湾地区教育农园

游憩设施多结合森林特色,如林中小屋、森林步道等,如台湾垦丁森林公园便是其典型代表(图7-2)。森林公园还可分为山岳森林景观型、野生动植物观赏型、科普教育型、山水旅游型和避暑度假型等类型。

2)按发展趋势划分

(1)农业娱乐型。与观光采摘园形式相似,主要通过农作物在开花、收获季节吸引游客来观光、采摘、品尝的形式发展旅游业,促进经济增长,因此,此种形式仍以农业生产收入为主。

(2)农场化型。农场化型主要通过有计划的规划、设计和调整农业布局,向旅游业延伸发展。农场化型主要用于满足游客观光、休闲、散心需求。典型案例有台湾清境农场(图7-3)、兴福寮农场(图7-4)等。

(3)农家乐型。农家乐源于欧洲的西班牙,以农民家庭为基本接待单位,以利用自然生态与环境资源、乡村活动及农民生活资源、体验生活为特色为主要内容,以旅游经营为目的观光农业项目。

7.1.2 观光农业特点

1)不同于城市的乡村风情

乡村具有完全不同于城市的人文风貌、风土人情、自然环境,相较于城市,乡村更接近自然,更可以满足城市居民回归自然、享受慢节奏生活的渴望。

2)低成本,高收入

观光农业主要依靠自身资源发展,无需运输、销售等环节费用,可极大程度地节省成本,收入也远高于传统农业。观光农业旅游收入包括农业收入和旅游收入,可边生产边收益,具有显著的效益回报(图7-5)。

■ 图7-2 台湾垦丁森林公园

■ 图7-3 台湾清境生态农场

■ 图7-4 台湾兴福寮生态农场

■ 图7-5 生态农场旅游商店

3）综合性经营模式

观光农业改变了传统生产与经营相脱节的单一模式，创造性地向综合经营模式和集约型经营模式转变，集农作物种植和管理、生产与经营为一体。此种经营模式可在有效提高经济效益的同时，保障乡村生态环境的优化。

4）发展潜力巨大

观光城市虽仅以城市居民为主要客源，但市场广阔，潜力巨大。以韩国观光农业为例。韩国相关机构统计，仅1997年，韩国城市居民到观光农园游览的人口达500多万人次，相当于该国城市人口的1/8。

5）具有多功能性、关联性

观光农业形式多样，集娱乐、观赏、生产、销售、科普等多种功能于一身，具有典型的多功能性。同时，观光农业还将城市和乡村的相互排斥、对立关系转化为互补、融合的关系，使城市与乡村的经济相互促进，共同发展，缩小了城乡差异，促进乡村经济发展。如日本富田农场不仅利用薰衣草田达到观光功能，同时以自身种植的花田为原材料，制作手工皂、香水等商品（图7-6）。

7.1.3 实例：台湾东势林场

东势林场位于中国台湾地区台中市东势区东新里，1984年改建成观光游乐型林场，面积225m²，是台湾第一个以农业形态经营的休闲观光林场。

东势林场原本只有果园和林业经营，之后因木材价格低落导致亏损，经济效益持续降低。当地农会总干事长张正义吸收日本经验，以科学手法推广"修养林"，对东势林场进行改造。林场最初改建成本约3000万台币，改建为观光林场后，平均每年收入上亿台币。

东势林场景观四季分明，在改建之初引进了近百种四季花卉，大面积种植：春季樱花烂漫；夏季百花盛开，树木翠绿茂盛；秋季枫叶火红；冬季梅花绽放，四季皆有胜景。林场还专门栽种了春不老、苦苓桑树等诱鸟植物，再加之其优美的环境，吸引来众多低海拔鸟类在此栖息，如五色鸟、台湾画眉、白头翁、斑鸠、麻雀等，使东势林场更具自然的生机。

除秀美的景观外，东势林场还建有果园，园中栽种有桃、草莓、柑橘等水果，游客可在其中享受采摘乐趣。

东势林场最具特色、最受欢迎的是萤火虫区。东势林场利用稻草作为培物，繁殖了上万只萤火虫。夏季夜晚萤火虫漫天飞舞，萤光点点，成为林场夜晚一道独特的风景。

除以上特色外，东势林场还建有为游客提供深入感受自然的森林浴步道，提供休憩的森林木屋，等等。

■ 图 7-6 富田农场内的香水制作工坊

东势林场不仅有益于生态建设，还为当地带来丰厚的经济利润，是台湾地区休闲观光农业的成功典范。

7.2 现代农业

现代农业就是应用现代科学技术，现代工业提供的生产资料和科学管理方法所进行的社会化农业。从农业发展史来看，农业生产分为原始农业、传统农业和现代农业，现代农业是一个农业发展的新阶段。现代农业发展过程就是传统农业和不发达农业转变到现代发达农业的过程，而建设现代农业的过程就是改造传统农业，不断发展农村生产力，促进农业又好又快发展的过程。

7.2.1 现代农业特点

1）以科学技术为先导

现代农业以新技术发展农业，科技在对传统农业的改造过程中，发挥至关重要的作用。以科学技术为先导，把先进的科学技术广泛应用于农业，提高产品产量，提升产品质量，降低生产成本，保证食品安全。

2）农业生产机械化

机械化是指先进设备代替人力手工劳动，在产前、产中和产后各环节中大面积采用机械化作业，从而降低劳动的体力强度，提高劳动效率。机械化使农业生产取得了巨大收益，提供了丰富多样的农产品。克服传统生产方式，实现全面机械化是现代农业的重要发展方向。

3）农产品安全性高

保障农产品安全是现代农业发展的基本要求。现代农业要求提高农产品的安全性，农产品生产应有更高规格的标准。有机食品、绿色食品和无公害食品渐渐成为农产品中的主流，也是现代农业发展较慢地区的发展方向。

4）秉持可持续发展思想

农业发展秉持可持续发展的思想，吸取现代农业、自然农业的优点，强调农产品安全

■ 图 7-7 生态农业

与乡村经济发展，同时，保护生态环境，实现生产、经济、生态的持续统一，使农业具备长远发展的基础与实力，走可持续发展道路。

5）以生态为原则

生态已成为全球的发展趋势，农业生态化已成为农业发展的新方向，世界各地正在逐渐接受和实验生态农业。生态农业是走可持续发展道路的重要环节，只有生态化的农业才是持续农业。生态农业强调农业发展内容，是形式与内容的统一，是现代农业发展的重要选择（图7-7）。

7.2.2 实例：日本现代农业

日本很早便开始发展现代农业。1961年，日本制定《农业基本法》，开始正式发展现代农业。到20世纪70年代初期，日本农业已提高农业劳动生产率，缩小了功能收入差别，包括水稻在内的农业机械化程度达到90%，进一步实现了农业现代化。1999年7月，日本新的农业基本法通过，成功强调以农业可持续发展为目标，稳定食品供给，加强发挥农业的多功能性。

当今日本的现代农业主要具有5个特点：机械化、科学化、标准化、优良化和体系化。科学化是指农业生产机械化，日本农业的科技含量不断提高；科学化指生产管理科学化，日本各地方均设有农业改良普及中心，近千个部门单位相互联网，对全国各地农业情况进行科学监督、管理；标准化是指农产品加工标准化，日本农产品加工各个环节均以国际标准为准则；优良化是指品种的优良化；体系化是指营销的体系化，日本设有市场营销服务

■ 图 7-8 日本生态农业

体系,其农协组织也会组织农产品的统一销售(图7-8)。

以日本大潟村为例。大潟村农业规模大,科技程度高,是生态与经济双赢的现代农业的出色代表。大潟村在农业生产过程非常注重生态环境维护,不仅减少化学物质的投放,还在整地、施肥、病虫害防治、除草和资源利用等耕种技术的各个侧面上采用多样化的措施减轻环境负担,其中以免耕种植技术最为突出。免耕种植技术可极大程度上减少向八郎泄水池排放的污浊物。此外,大潟村现代农业还开发、运用了可调节肥效的肥料和农药,免平整水田,育苗过程中全量施肥技术等。

7.3 有机农业

19世纪30年代,英国农学家霍华德正式提出有机农业的概念。有机农业主张只依靠农业生态系统本身,通过实施间作套种和轮作复种,增施有机肥,来促进农作物的生长,提高农产品产量,追求不破坏环境,维护地力使其不衰退,生产健康美味的食品。

7.3.1 有机农业特点与措施

1)特点

(1)肥沃的土壤。有机农业不使用化肥、农药,通过轮作控制杂草、病虫害,用作物残留和牲畜粪便作为固氮的有机材料,植物通过土壤微生物作用提供营养源,培育土壤生物活性。例如许多国家选择利用豆科作物和生物质提供植物所需的氮。

■ 图7-9 浙江省良渚文化村有机农作物

（2）永续与高产量。传统农业的高产量往往是通过牺牲土质，破坏生态环境换取的。有机农业通过轮作控制杂草、病虫害，使用堆肥和轮耕改善土质，不会破坏土质与生态环境。此外，有机农业可以获得高产量，农民在休耕期间种植豆科植物或覆盖作物，这样便有足够的天然氮肥进入土壤，确保作物健康成长。

（3）食品安全健康。有机农业不使用化肥、农药，使用绿色健康的绿色肥料，因此有机农作物完全没有毒素，且含有丰富营养，未经基因改造，是绝对绿色、无污染、有益身体健康的食品（图7-9）。

（4）经济利润高。有机耕种可以轮种玉米、黄豆等作物，且耕种系统较传统农耕要更为耐旱，成本较现代农耕低。加之有机农作物营养、健康，备受市场青睐，因此有机农业较传统农业利润较高。

2）措施

发展生态农业主要有4个关键点：政策支持、生态环境保护、标准制度、教育与科研。

（1）政策支持。有机农业不使用农用化学品，因此需要更大的工作量，农田产量和饲养产出较低，产品成本较高，向有机农业转化艰难，政策支持是解决这些问题的主要手段。政府通过政策，向发展有机农业的地区及农户提供优惠政策，适量给予补贴，保障农民经济利益，有机农业才会顺利发展。

（2）注重生态环境保护。有机农业是一个有生命的有机整体．主要依靠生态系统的自我调节。同生态农业相同，有机农业注意保护生态环境与平衡，严格控制化肥、化学农药和除草剂的使用，提倡使用绿色环保的生物防治方法。

（3）严格的标准制度。有机农业应拥有完善的有机产品法规和国家认证标准，保障消费者购买的商品达到一个统一的标准。此外，有关部门及相关机构应依法行使监督职能，对没有达到标准或违规的生产经营者，一经查实，依法予以严厉处罚。

（4）重视教育与科研。教育与科研是提高有机农业发展速度与效率的重要保障。加强对农民的教育与培训，培养科研力量，将农业科研、教学、生产紧密结合，让农业科研直接服务于生产，将科研成果转化为生产力，有效提高农业技术在农业发展中的作用。

7.3.2 实例：日本有机农业

以日本宫崎县绫町地区为例。绫町位于九州地区宫崎县的中部山区，总面积9521hm²，其中80%被森林覆盖，拥有日本最大规模的原生常绿阔叶林。农地主要位于东

■ 图 7-10 日本有机农业

部的平原地区，盛产蔬菜和水果，畜牧业也发达，是日本著名的有机农产品产地。

1973 年，绫町开展一坪（3.3m²）菜园普及活动，有机农业由此展开。绫町相继建立起自给肥料共给设施、家畜粪尿处理设施、堆肥生产设施、地区资源循环利用设施等有机肥料生产设施，保证有机农产品生产。

为了促进有机农业的发展，绫町专门建立了相关的推进体系，制定有机农业推进计划，并决定推进工作的基本事项，对实际农业生产进行监管（图 7-10）。

绫町的有机农业的高效发展，离不开两部分：有机肥料与农产品认证。

1）有机肥料

土壤改良是发展有机农业的关键，而有机肥料是土壤改良的关键。绫町有机肥料生产包括町政府主导的生产系统和农协主导的处理家畜粪便的堆肥生产系统。绫町有机肥料的设施建设与实施均以"取之于地，用之于地"的生态循环理念为原则。

早在 1978 年，绫町就建立了自给肥料供给设施，将居民粪便收集，做成液态堆肥，后于 1997 年重建，设立了粪尿处理中心，以供该地区资源循环活用。绫町 2600 户家庭中有 1800 户家庭向中心提供粪尿，年处理能力达 3884t。

2）农产品认证

有机农产品品质代表着该地区有机农业发展程度，并影响其经济效益。绫町对农产品有极高要求，除日本全国统一遵守的条例外，绫町还制定认证标准对农产品实施分级上市。认证标准由学者、生产者、消费者和相关机构代表构成的审议会决定。绫町对农地管理、农业生产管理、农产品认证均按标准严格把控。如将农地分为 A、B、C 三种等级，三种农地均以堆肥方式进行土壤改良，不许使用任何土壤消毒剂或除草剂，化学肥料低于氮磷钾施用成分总量的 20%：A 级要求进行土壤改良 3 年以上；B 级要求进行土壤改良 2～3 年；C 级要求进行土壤改良 1～2 年。

第 8 章　农业精明增长

8.1 绿色品质

由于世界环境危机，人类环境意识的提高，具有绿色品质的农产品得到越来越多人的青睐，"安全与品质"是绿色农业的根本任务。早在 20 世纪 70 年代，欧洲发达国家实行环境标准制度，提出在食物的生产加工过程中，生产无污染的食品，以保证乡村的可持续发展及人类的食品安全、健康。开发定量测量产业与生物多样性的关系的指标，创设食品安全认证标志，由国家制定的认证机构确认，并颁发证书，经过确认方可准入市场销售。具有绿色品质的农产品成为发达国家目前农业生产中关注的焦点和发展的方向。

8.1.1 绿色食品

绿色食品具有安全、优质、营养的多重质量保证，执行生产、加工、包装与运输的严格标准。

1）生产加工

允许使用化学肥料，微生物肥料用于拌种、基肥及追肥使用。有限度地使用农业抗生素，且不禁止基因技术的使用，允许使用具有高效低毒农药，在生产过程中，少用或者不用化学农药，量化食品中的农药残留量。

2）法律条文

不符合环境保护条款和要求的非绿色食品禁止销售，并对绿色食品生产资料的使用操作规程具有明确的法律规范，如《生产绿色食品的食品添加剂使用准则》、《生产绿色食品的肥料使用准则》；对从事绿色食品生产基地的生态环境要求填写《农业环境质量检测报告》。

3）质量评价标准

必须参照"绿色生态指数"（对大气、土壤、水环境等的环境指数要求）与"绿色环境指数"衡量与评价绿色食品的综合质量状况。选择无毒、优质的种子和种苗，考察其适应乡村生态环境的能力及对病虫害的抵抗力。注意保持遗传基质的多样性，加强对苗木的检疫。划分 A 级与 AA 级绿色食品标志，生产、加工、产品包装符合特定标准，参照"绿色食品产品标签标准"执行。

4）农产品生产地要求

农产品生产地必须符合"绿色食品生态环境质量标准"，保护鱼塘、果园、菜园等生态园基地。对农产品生产地的土壤质量、空气质量、灌溉用水标准、生长区水域上游是否存在污染源进行调查，均要符合绿色食品的土壤标准、大气标准、水质标准的方可进行绿色食品的生产（图 8-1）。

■ 图 8-1 生态农业基地保护

8.1.2 无公害食品

无公害食品生产的全过程，无有害环境因素和有害物质的污染，是达到清洁卫生与安全健康的农产品。无公害食品的质量要求主要体现在环境质量、土壤质量、水质质量等方面，其中针对农作物的外形、色泽、成熟度、水分含量、农药残留量等具有相应的规定。无公害食品将有些不可避免的有害物质控制在允许范围内，具有以下特点。

1）生产操作流程规范化

无公害农产品的栽培、采收、运输、贮藏保鲜、加工乃至销售各个环节，都具有规范化的操作规范。栽培时，选用优质的种子进行栽培，要求种子高产、优质；抗逆性强；无检疫性病虫草害。采收时，达到无公害产品卫生清洁无污染的标准，避免农产品的破损、腐烂、霉变。运输过程中，注重农产品的通风、温度及湿度的控制。贮藏保鲜时，防止产品的污染及自然变质，注意对贮藏场地的通风。加工时，控制对添加剂及防腐剂的应用，销售时，使消费者购买到具有无公害食品标志的产品。

2）生产基地环境严格化

生产基地的空气环境、水环境、土壤环境质量影响无公害农产品的生产规模。无公害农产品根据乡村当地的气候、水质等生态环境，选择没有污染源的地区，包括水域上游、上风口等地，建设生态区基地进行栽培农作物。此外，生产基地定期监测与评价，检测的结果要求符合国家卫生标准。

■ 图8-2 浙江省良渚文化村玉鸟菜场检测公示栏

3）选用肥料合理化

2008 年，中国化肥氮使用量高达 3294 万 t，无公害农产品禁止化肥氮的使用，注重化肥的施用比例，增施有机肥，以减少肥料养分的损失，防止水土污染。有机肥最大的优势是可以增加土壤有机质含量，土壤中的有机质不但可以促进土壤对有毒物质的吸附作用，提高土壤的自净能力，同时与土壤中微生物相互作用进行分解，释放营养成分，作为作物生长发育的养料。有机肥的选用可以改善土壤物理性状，增强土壤的肥力。

8.1.3 有机食品

为了降低农业生产环境负荷，获取健康的农产品，一些发达国家针对传统农业弊端，提出有机农业。有机食品产生于有机农业中，通过完全不采用化学合成的农药、化肥、生长调节剂、饲料添加剂，只采用有机肥、生物源农药和物理方法治虫的方式生产农产品。有机农产品是由国际有机农业运动联盟（IFOAM）制定有机食品必须达到的基本标准和守则，由各成员国加以实行，具有广泛的国际性。

有机农产品采用全面的生产管理系统，综合考虑乡村的自然条件，促进生物多样性、土壤生物活性。栽培的种子和种苗不使用由基因工程获得的品种，且禁止对种子采用化学物质浸种、催芽等处理方法（图 8-2）。

采用有机肥料，利用生物物质、动植物废弃物、植物残体经过1~6个月的腐熟期加工成具有丰富营养元素（包括多种有机酸及肽类等）的肥料。此外，有机食品还可以采用未经化学处理的矿物肥料。

采用防治技术治理病虫害，主要以物理防治技术与生物防治技术为主，物理防治技术是了解病虫对湿度、温度等反应能力，通过各种物理因素（光、热、蒸气、烟火、声波等）对土壤、种子、植物材料进行处理。如为了增加种子的耐贮性，利用太阳光杀死病菌、霉毒。生物防治技术是有机农产品生产的必需环节，与绿色农产品不同，有机农产品不允许采用化学农药来防治害虫，常采用以虫治虫、以菌治虫、微生物治虫的方式。如美国加利福尼亚州在1887年的一处柑橘种植园遭受棉蚧的大规模侵害，当地农户在种植园释放棉蚧的天敌——澳洲瓢虫的幼虫和成虫，一年后使害虫得到了有效的控制。

日本的有机农产品具有健全的制度保障：《关于农林物质标准化及质量标识正确化的法律》JAS法、《有机农产品的农林规格（JAS标准）》、《有机畜产品的日本农林标准》、《有机农业推广法》、《关于有机农产品等蔬菜水果特别标识的基本方针》、《农药取缔法》等法律条文。如保证自然的循环功能与固有的农业生产力，避免使用化学合成的肥料和农药；畜牧生产禁止使用人工激素和其他增产剂；采用不破坏采摘场生态系统的采摘方式；利用监测网络，定期检测土壤有机质、土壤全氮等农业环境，并依据检测结果给予补贴政策。此外，采用有机农产品认证制度，目前，日本与欧盟15国，以及美国、澳大利亚、新西兰等国实现了有机农产品的同等认证标准。日本农户生产的农产品符合JAS标准获得的相关认证机构认证后，交纳一定的认证费用，获得认证标识。

8.2 生产地保护

环境的污染使环境、资源及人体健康都遭受到严重的影响，乡村生产地的保护致力于解决土壤、大气、水体污染、废弃物污染及农用化学物质的大量使用，产生的一系列问题。如生产地的污染使有害物质在土壤和水体中呈现生物富集的现象，造成对农作物及牲畜的破坏，危及人类的健康。

8.2.1 生产地保护的类型

1）土壤修复及保护

针对盐渍、碱土和酸性土壤的修复主要有：深翻土壤。以深耕犁翻耕40～60cm，或用3层犁翻耕，可使防盐碱的效果持续10年以上；培育和收集耐盐植物品种；用硫酸和硫酸铁快速中和土壤碱性；在酸性土壤上种植耐酸多年生牧草或施用石灰石、硅酸盐和酸化磷矿粉等。调查土壤中的污染物质，土壤中的污染物质主要是重金属、农药、有机废水、寄生虫、病原虫、矿渣、煤渣等物质。土壤是污染物转换的重要场所，土壤中含有大量的微生物和小型动物对污染物质进行有效分解，如细菌可以将一氧化碳转化为其他产物，降低一氧化碳对空气质量的影响；保护栖息在土壤中的动物，土壤中栖息的生物多种多样，主要包括微生物与动物。如蚯蚓靠吞食土壤中的有机质生活，产生的粪便调节土壤的疏松度（图8-3）。

■ 图8-3 日本农业品种的生产地保护

2）农作物保护

农作物可有效地调节生产地的小气候，以水稻为例，通过水稻与旱作物轮作，保持合理密度，可以改善群体内，特别是根据小气候环境。通过多级综合利用技术处理农作物废弃物，实现物质的循环体系，如农作物的秸秆加工后可用作沼气原料和饲料，后归还给农田，可显著提高生产地农田土壤的肥力。改进化肥生产工艺，推广复合肥、有机无机复合肥，并按需量测土配方施肥。合理控制农药的用量，因农药在土壤中进行水迁移及气迁移，最终被作物吸收，使作物的生产地受到影响。

8.2.2 生产地保护的措施

1）人员培训

由农业技术人员与生态工程专业人员对农户进行生产地保护与无污染农产品的基础知识学习，了解无污染农产品的生产、加工标准和营销策略，对国外生产地保护的发展现状及一般模式、相关技术，了解生产地农产品检查认证的要求与申请认证的程序。

2）有机认证

在生产地倡导不施用化肥与农药，依靠自然平衡机制，达到农业生产的可持续发展的有机生产（图8-4）。生产开始时，向相关认证机构申请有机农产品的检查与认证，取得认证标志及有机生产证书（或证明）。欧盟生态标签制度，从农产品的种植、生产、销售到使用，都不会威胁到生态环境。

3）质量控制

在农产品生产、加工的过程中，制定生产管理政策和质量管理章程，并建立生产地质

■ 图 8-4 有机农产品保护

量控制记录文档，按日完成生产、加工过程中的各项物质的投入、产出量及农产品的生产、包装、运输、贮藏、销售各个环节的记录，从终端农产品追溯到作物的生产地，确保农产品质量链条的完整性（图 8-5）。

4）混作模式

合理搭配林木、动物与农作物的互利关系，通过充分利用光能、水肥及生长空间，提高生产地作物的生产力。如在稻田养红萍，红萍可以有效地改善稻田的肥力，促进水稻产量的提高，同时促进自身的良好发育。

8.3 保护性耕作

据联合国粮农组织（FAO）统计，目前，全世界保护性耕作应用面积达到 1.69 亿 hm^2，占世界总耕地面积的 11%，其中免耕面积达到 7476.23 万 hm^2，占世界总耕地面积的 4.9%。保护性耕作是一种先进的农业耕作技术。农田实行免耕播种技术、土壤深松技术、秸秆残茬处理技术及杂草及病虫害控制技术，使土壤肥力精明增长，减少土壤风蚀、水蚀，提高土壤肥力和抗旱能力。

土壤肥力的精明增长产生巨大功效的几个方面：

1）免耕播种作用

连续免耕播种可以有效地减轻风蚀、水蚀，提高生产效率，降低成本。以澳大利亚昆士兰州为例，年蒸发量约为 1500mm，降雨量不足 1000mm，受到水蚀灾害的威胁，导致粮食产量较低。20 世纪 70 年代初，政府开始在全国各地建立大批保护性耕作试验站，通

■ 图8-5　日本食品质量控制

过免耕播种的方式，保持农田生态系统的养分循环平衡，土壤的含水量增加，同时，还减少了田间作业次数。

2）有机质作用

农作物的根茬、落叶、土壤中各种生物遗体和排泄物、秸秆还田及畜粪还田都是土壤有机物的重要来源（图8-6）。土壤常规的耕作会影响土壤中的生物发育生长，耕翻土地使近地表土壤层的生物的生活空间遭到破坏，对各种生活在土壤表层的天敌具有负面作用，同时，翻耕使构建有机质的碳量减少，不利于保持土壤的养分平衡，作物产量的稳定。

3）作物残茬作用

作物残茬通过覆盖地表，一方面有效地锁住土壤的水分，提供遮阴，增加水分的入渗机会，有效地保护水源，此外在富碳的土壤中生存的微生物，可以降解杀虫剂，有效地保护地下水的质量。另一方面，残茬覆盖可以减少达90%的土壤侵蚀。

8.4　农业产业化经营

1）绿色控制产业链管理

农产品的产业化经营主要体现在农产品的内部跟踪审查系统。根据内部跟踪审查系统了解，农产品生产阶段、加工制作与零售阶段和消费者阶段。农产品的生产阶段记录并保存农产品名称、销售时间、销售去向、销售量等信息。在加工制作与销售阶段，记录并保存农产品名称、进货时间、进货渠道、进货量、销售时间、销售量等信息。在消费者阶段，消费者根据农产品的标签或者条形码查询生产阶段、加工制作与销售阶段的相关信息。"根据农产品的移动情况"，掌握无污染农产品从农场到餐桌的顺向追踪，同时也可以进行餐桌到农场的逆向追踪（图8-7）。

■ 图 8-6　台湾兴福寮农场作物残渣应用

■ 图 8-7　台湾富田农场

■ 图8-8 日本农畜产品生产履历管理

2）生产履历的技术应用

建立农产品生产履历是现在农产品产业化发展经营的趋势。农产品生产履历能够反映生产者栽培种植农产品的图片、与生产者的联系方法、品种背景资料、详尽的农产品栽培管理资讯，如施肥管理、病虫害防治、采收等，有助于生产农户向消费者展示农产品的品质与安全，得到消费者的认同，并在农产品事故发生时追踪与究责。农产品生产履历是连接生产农户与消费者的纽带，其收集方式主要是通过 GPS 纪录作业的时间与地点；PDA 纪录作业项目的内容；Field Server 纪录农地环境、田间影像与土壤状况；GIS 协助管理，建立有效的栽培与作业规划。

日本农畜产品履历表信息管理严格规范，以牛肉为例，对于不同品种的牛针对外观以及每百克肉所含不饱和脂肪酸、氨基酸等营养成分的含量进行对比、划分并具有电子标签，用于记载产品生产和流通过程中牛肉所属性别、出生年月、饲养地、加工者、零售商、无疯牛病病变说明、牛的血统证明书、饲养证明书和检疫证明书。等各种数据。2004 年，日本建立生产履历系统的识别号码系统化，统一形成 13 位数条码管理制度，并推广至全国（图8-8）。

3）种子培育

在生产地栽培优质的种子和幼苗，需要对土壤进行保护，培育土壤碳库，了解土壤的理化性质及生物状况，要保持生产地土壤的有机质及腐殖质含量，植物氮、碳等营养元素均源自于土壤有机质，腐殖质能够促进植物的呼吸及新陈代谢，利于植物的生长及养分吸收。

第 9 章　生态农场

9.1 生态农场概述

生态农场（Ecological Farm）运用生态学原理发展农业生产的模范，通过具体的能量、产品、经济价值的转换及分配，发挥自然界的潜能，维护自然系统的生态平衡；生态农场运用生态学的观点和手段，以"农场"作为农业生态系统的整体，并把贯穿于系统中的各种生物群体，包括植物、动物、微生物之间，以及生物与非生物环境间的能量转化和物质循环相联系，对环境—生物系统进行科学合理的组合，以达到获得最大生物产量和维护生态平衡，改善土地利用环境，探究以农业环境质量为目标的农业发展新模式。

建立生态农场的总目标是提高生物生产量，增加农户收入，而又不导致环境退化。生态农场主要研究如何提高有机肥的利用率。发展农业生产，增加生物能的利用率和加速能源的运转速度，对充分利用能源有重要意义，乡村农场的传统做法是将稻秆当作柴薪烧掉，把很多生物能尤其是氮等氧化，留下来的灰分只有原来的物质重量的 5% 以下，导致大量有机物质被浪费。将稻秆、花生藤等通过沼气发酵，利用沼气作为燃料，把发酵过的废渣再次肥田，进而把稻秆、花生藤在能量流动中多一个使用环节。如果把稻秆、花生藤喂养家畜，把家畜粪便再发酵产生沼气，这又是利用生物能的另一个方法，同样可以产生更多的能量。但是，在一般情况下，仅仅依靠沼气燃烧还不够，要种速生树种来增加柴火的来源。

建立生态农场不仅为了增加物质的产量和经济收入，还要考虑植树造林、水土保持、环境保护等。在计算农场的经济效益时，不仅计算产量、产值和劳动生产率等，而且还要计算包括水土保持、病虫害防治、净化环境等的后果和效益。

保护森林、水土保持和维护生态平衡的经济效益无法从产值上计算。但从土壤冲刷中冲刷掉若干肥力（如氮、磷、钾）、洪水或干旱使农田减产的损失及环境污染所受的损失都可以进行计算。对于病虫害的防治可根据害虫与天敌的种群数量消长的规律，研究有效的生物防治措施，以减少使用农药以及农药对环境的不良影响。

生态农场的运用生产理论基础，是将不断地提高太阳能转化为生物能、氮气资源转化为蛋白质的效率，加速能流和物流在生态系统中的再循环过程，增加生物生产量，以满足人类日益增长的生活资料的需要。同时要保护环境，维护生态平衡，引导人类的生态环境趋于有利的方向发展。太阳能是取之不尽用之不竭的能源。在自然生态系统中，太阳能首先是由绿色植物吸收，经过绿色植物的光合作用，把太阳的辐射能转变为化学能，贮藏在有机物中，然后再经过食草动物和各级的肉食动物，把这些贮藏的能转变为动物的机体或称动物能，最后由微生物把动植物躯体和排泄物分解转化为各种物质或元素，并释放出能量（图 9-1）。

■ 图9-1 台湾清境农场

生态农场是人类的生产活动和经济活动的新模式，它不仅受自然规律的制约，还要受经济规律与社会的需要和政策的制约。例如工业发达导致的"三废"污染、城乡关系、国家经济建设的政策和农产品的价格、人口问题以及领导者的决策等都与生态农场的生产有关。

9.2 生态农场农业生态系统特性

1）依赖性

生态农场的建立依赖于当地自然资源和自然条件。在不同区域范围内，只有对当地特点进行全面的调查和分析，才能建立起最佳的生态农场。

2）综合性

生态农场与普通农业生产系统的区别，主要在于前者是通过能源利用和经济效益的综合规划提高生产率，从而避免了对自然资源的过度消耗及对生态平衡的破坏。

3）持久性

持久性是农业生态系统不断受到环境的压力即侵扰而能够维持生产力的能力，如受土壤结构退化而影响产量，或不断加剧的虫害和环境污染而使生产下降等。

4）均衡性

均衡性说明一种农业生态系统中的产品合理地进行分配的情况，它是由土地、劳动力多少、资本、自然资源的分配情况等表现出来，例如在灌溉渠附近和远离灌溉渠的农田，水的分配和作物产量是有所不同。但上述四个特征相互联系互相制约，例如高生产往往损害持久性和均衡性。

生态农场必须是尽可能的自给系统，包括能源和粮食的自给。农场生产的粮食应大部分用于牲畜的饲养和人的生活，不应耗费大量的能源。西方高输入农业的最大弊病之一就是耗能十分惊人，例如英国农业所消耗的能源大约是它能生产的 6 倍，美国的情况更糟，其比例为 10∶1。而生态农场则应能通过太阳能和生物能的利用，尽可能做到能源自给。

9.3 生态农场成功范例

生态农场是德国慕尼黑政府在郊区实施的休闲创意农业项目（图9-2）。将农业用地在保持农业特性的同时，赋予该地区的农业与未来相适应的形式，在其农业、休闲、自然保护等功能之间建立一种均衡、和谐的发展关系。

慕尼黑城市外围没有覆盖建筑物的土地，是连接慕尼黑城区和相邻乡镇的地带。建设生态农场的主要目的是在发展生态农业、加强环境保护的同时，利用郊区乡村的生产、生活、生态资源，大力发展生态创意农业。

慕尼黑市政府和郊区的农民们一起制定一系列生态农业的行动方案：

1）干草方案

保护性使用生态农场，市政府鼓励农民保留布满鲜花但却正在不断减少的草地，农民们通过把草地上的干草分成小包装卖给城里的小动物饲养者，以获得更多的收入。此项措施既保护水源和土地，也无需过多的照料与维护，还可以给人以视觉上美的享受，是非常生态且可行性极高的方案。

2）菜园方案

■ 图9-2 德国生态农场

长久居住在大城市的居民大多都有回归自然的迫切愿望，而菜园方案便是满足这个愿望的绝佳途径。农民可将自家的菜地分出一部分租给城里人，满足城里人的需求，并为农民带来一定经济上的利益。

为保障生态和谐，生态农场的菜园每年只出租半年。在5月中旬之前，土地的翻耕、播种等前期工作都由专业人士来完成，以保证正确的种植间距和最优化的种植安排。出租者于每年的 5 月中旬接管菜园。在蔬菜的种植过程中，矿物肥料和化学保护剂是绝对禁止使用的。

3）森林方案

慕尼黑郊区拥有约 5000hm² 的森林，发挥着蓄水、防风、净化空气及防止水土流失的功能。生态农场为城市提供清新的空气。它不仅是环境保护的重要力量，也是人们理想的休养之地。慕尼黑在保护森林的同时，还开发出森林的科普和环保教育功能。学校和幼儿园经常组织孩子们来到生态农场上的森林里游览学习，让孩子更加深入、生动地了解自然，了解生态。在这里，人们可以切身地感受到人与自然和谐关系的重要性。

1996 年，慕尼黑市政府决定在郊区的乡村建立自然生态区，通过高强度的粗放型经营措施和重新自然化的手段来建立群落生境组合。生态农场上的"爱舍丽德苔藓区"是其中的代表之一。"爱舍丽德苔藓区"原是慕尼黑西部的低地沼泽带，决定在此建立自然生态区后，对这块区域实施重新自然化。从风景保护和自然保护的专业角度来提升这一区域的价值，使其与市政府的物种保护和群落生境保护计划吻合，发展重要的群落生境组合，使这块湿地的面貌得以保存，重新获得生命力。

生态农场的农民采取很多措施保护野生物种和群落生境。如当地农民发现高大的杉木不适合低地沼泽区的土地，给当地土地的其他植被造成了严重的负面影响，农民便与相关部门协商，最终将杉木迁移远离低地沼泽区。此外，农民们改变原来的经营方式，增大土地面积，对土地进行粗放式的经营。过去的密集型经营虽然提高了农业生产的效率，但却破坏了当地的生物多样性。改为粗放式经营后，当地的许多"土著"动物渐渐重新回归，当地的生物多样性得到保障。

第 10 章　农业职业教育

10.1　职业农民的教育

职业农民是农业产业化及现代化发展过程中产生的新型职业。职业农民具有知识化、职业化、现代化的特点，全球各个国家通过采取职业农民的培训，建立职业农民培养体系，农业职业教育的法律保障等措施，促进生态乡村农业的产业化，其对于中国职业农民的教育具有借鉴意义。

10.1.1　职业农民的等级培训

国外职业农民的培训体系主要分为初级、中级、高级三个有机系统，针对每一个不同的级别各个国家分别具有不同的培训体系。

1）初级职业农民

初级职业农民教育为了提高现有农民的知识水平、农业技术水平及农业经营管理能力，采取阶段性培训课程、技术指导等措施。如德国重视初级职业农民的培养，高中毕业生可以直接参加农业初级职业培训，经过为期 3 年的系统学习与双元制教学，通过结业考试，获得农业的职业资格证书，成为农业专业工人；韩国针对初级职业农民采取"4H"教育方式，向农民传授基本的农业知识和技术，培养农民具有聪明的头脑（Head）、健康的身体（Health）、健康的心理（Heart）及较强的动手能力（Hand）。

2）中级职业农民

根据中级职业农民的专业特点，将其培养成具有独立经营能力或者具备某项专门农业技术的职业农民。建立农业职业学校是培养中级职业农民的主要方式，对中级职业农民进行培训，主要是由专家进行授课，掌握有关生产管理和农业金融方面的技巧；培养未来农民精英，通过丰富的农业理论基础的学习，一定的农业管理经验，对新技术有较强的接受能力，培养农民的领导能力、风险的决策能力、团队合作能力及创业能力等；对农民进行专门的技术指导。毕业后统一颁发学位证、毕业证及技术证。德国的中级职业培训学校里，学生分不同时段，在实验农场参加实践活动，在课堂学习理论知识，并在实验室及农场学习。

3）高级职业农民

高级职业农民培训是培养创新型农民的有效途径，高等院校及科研机构是培训高级职业农民的主要力量。各国注重对高级职业农民的人才培养，主要采取理论与实践相结合的方式，德国对高级职业农民采取实践式教育与学徒式培训的弹性化教学方式，高级职业教育中采取以实践为衡量标准的高级资格考试。德国为农民颁发"绿色证书"，用来规定农民从事农业工作的资格。绿色证书分为五个等级，最高等级可作为农业的工程师，得到全社会的认可，获得全额报酬。

10.1.2 培养职业农民的途径

1）有效的立法保障

职业农民的发展规模、质量、效益在发达国家的优势地位已经形成，职业农民的培养政府发挥主导作用。立法保护及设立培训机构备受各国政府的重视。通过设置立法的方式，职业农民培训的地位、效果和保障条件得到维护，同时，对规范政府相关部门、培训机构、职业农民自身的权利和义务发挥重要的作用。如德国在 2005 年颁布《职业教育法》，修订后的法规，更加细致地明确了政府、企业、职业农民在职业教育培训中的地位及作用。德国农业行业中共有 14 个国家承认的职业培训行业，设有主管机构或部门监控，违反规定或不合格者将受到严厉处罚。农民的教育在发达国家由专门的机构进行负责和管理。日本由农民研修所负责培育教育，韩国由乡村振兴厅指导局与农民教育院负责培训教育，法国的职业农民培训教育由农业部主管。

2）构建多元主体

层次分明，分级对待，构建具有针对性、多元化的职业农民培养体系是乡村教育发展的关键，考验一国的教育发展水平与竞争力。针对不同类型、不同层级需求的农民，建立初级、中级、高级职业农民培养体系，确定其培训内容、设计培训课程，有针对性地开展培训；针对多元化的主体形式，建立多主体、多形式的培训机构，如农业院校、农业技术推广中心、农业科学院、农业食品工业部、农民培训企业等组织机构，分类指导，分层次培训，建立实用性职业农民教育模式。

3）严格的考核培训

农民培训与证书制度的有效结合，是保障职业农民培训质量的关键。通过严格的考核培训，获得社会的认可。农民作为一种职业，具有严格的从业标准与规则。各国的农民培训证书的考试要求由主管机构或部门设计的考试委员会专门负责，不仅包括笔试，还有农事技能测试，评价农民某一特定工作的能力及其操作速度与熟练程度，参加考试的人只有全部考试合格，才能获得培训证书。

4）有效的制度设计

准入制度为职业农民提供了有效的保障。准入制度产生的效应使优惠政策得到落实，具有农业技能的职业农民通过职业教育培训从事农业生产的积极性被提高。此外，农民培训补偿制度和农业生产经营补贴制度为从事农业生产活动的农民提供了金融支持。

10.1.3 职业农民教育的特点

1）支持性

政府的支持是职业农民教育发展的基础。农民职业教育与职业农民教育是两个不同的概念，政府一般从经费投入及政策保护入手，对职业农民进行教育。德国职业农民的培训费由政府承担，参与培训的职业农民一般不交或者交纳很低的培训费用，培训经费纳入财政预算，学校免费为职业农民提供住宿，德国的莱茵兰—普法尔茨州（Rheinland-Pfalz）每年向 8 所农业学校与实习基地投入 8000 万欧元，用于维持学校的正常开支。法国为青年职业农民提供开展农业创业提供优惠贷款（11 万欧元内）。韩国的法律规定，政府国家、地方自治团体在制定和实施农业政策的过程中，要制定和施行包括扩大女性参与等提高女性农民地位和专门化程度所需的政策。

2）灵活性

灵活多样的职业农民培训方式，注重社会需求和变化的课程内容是职业农民教育的显著特征。如按照农业生产的季节性特点，农忙季节的职业农民可参加短期的课程培训，而在农闲季节职业农民可进行几个月的脱产学习。职业农民的培训采取授课与自学相结合的方式，根据地区农业特点授课与现场指导相结合的灵活方式，从技术培训拓展到创业、经营和就业技能培训等方面。

3）多样性

多样性主要体现在培训机构、培训内容上。

（1）培训机构：各国建立农民培训中心、农民培训学校、培训农场、农业广播学校、乡村青年俱乐部、乡村教育网维护中心、农业报社等多种形式的培训机构。

（2）培训内容：设置不同级别的培训证书及培训课程。以日本和德国为例，日本设置基础课、人文科学及专业技能实操课对职业农民接受系统的课程培训、农业经营管理培训、国外农业政策教育、农产品的储藏及加工技术等培训，并颁发资格证书。德国对职业农民的考试要求严格，考试范围主要涉及农业机械、农产品加工、森林维护、环境保护、国土整治、农业旅游等方面，合格的职业农民获得结业考试证书，得到"绿色等级证书"。

10.2 世界范例

韩国通过多年来大力发展职业农民教育，已形成专业化、多层次的培训体系。最大限度地利用本国的农业资源，发展农业经济，农民的文化素质与专业技能普遍提高，并取得良好的经济效益。

1）完善的培训体系建设

韩国规定农民教育培训实施的主体主要以农业协作合同组织（简称农协）、农业大学、农业振兴厅及其他民间组织为主。农协下分设教育院、研修院、新农民技术大学等组织，主要致力于培养农协会员、农民技术员、农业培训者及专业农民，农协是全国性分级网络型经济组织。农业大学分布于全国各处，是实施农民教育的主体部门，培养的群体以中青年农民、专业农民、农业后继者等为主，并开设农业、园艺栽培技术、农业情报、农机修理等课程。农业振兴厅主要是负责农民技术推广、农业科研及乡村生活指导的机构，包括道乡村振兴厅、市乡村指导所及邑乡村指导所，并对本系统的工作人员及乡村青少年、妇女等群体进行培训。其他民间组织主要以乡村文化研究会、农民教育学院及乡村青少年教育协会为主，针对乡村青少年、农业技术人员及全体农民开展教育培训。

2）培养农业继承人

培养农业继承人主要是从 3 个方面进行：

（1）考核制度方面，对于成年农民，采取"加分选录制"，主要以考察成年农民的学历、营农阅历、生产经营状况、实际农业技能操作及未来计划为主。对成年农民有针对性的考核标准，如未满 40 岁的农民并具有两年的产业技能工作经验，可申报农业后继者。

（2）法律保障方面，1990年4月韩国国会通过《农渔村发展特别措施法》，确立农渔民后继者培养制度。此外，韩国《农业、农村基本法》规定："农林部长官为持续培养未来农业劳动者，将有意从事和经营农业的从业人选定为后继农业人。"

（3）金融支持方面，对农业后继者提供2000~5000万韩元的资金援助，优秀的农业后继者经过培养后成为专业农民，由政府承担20%~60%的扶助资金，如对花卉、蔬菜等专业户资金补贴约为1亿韩元。

3）不断更新制度设计

培训券制度是指接受培训的农民在接受培训时，以培训券作为培训费支付给培训机构。改变缺乏竞争的机制，通过预算制领取培训经费。韩国农民的学券制度提高农民的教育质量，分阶段、有层次、重实效地开展教育培训。

第 11 章　生态乡村"一村一品"

11.1 日本"一村一品"运动

日本的"一村一品"运动是一种在政府引导和扶持下，以行政区和地方特色产品为基础形式的区域经济发展模式。日本最初开展"一村一品"运动是为解决城乡差距不断扩大的问题，由大分县开始试探开展（图 11-1）。"一村一品"运动开展后，大分县的农特产品在数量和收益方面都有显著增加。大分县取得成功后，"一村一品"运动开始全面在日本各乡村地区开展，"一村一品"的土特产品已经遍布日本各地。除推广农特产品外，"一村一品"也包括特色旅游项目及文化资产项目。"一村一品"运动不仅带来了农业的提升，也促进了旅游业的发展。

日本发展"一村一品"的措施主要包括：

1）发展特色产品，培育优势产业

开发地方特产是日本"一村一品"运动中的重要部分。根据当地实际情况，发展特色产品和优势产业，开发具有创造性的产品，通过培育地方特产，以振兴当地工业，确保当地居民的就业机会，增加农民收入。如大分县的地町、九重町等地因地制宜，根据自身优势，主要发展丰后牛产业。丰后牛已成为大分的名特产之一。此外，大分县其他村、町还有以香菇、城下碟鱼等特色农副产品作为主要发展产业。现在，大分县已培育出 300 余种特色产品，总产值高达 10 亿多美元。

2）振兴"1.5 次产业"，注重品牌效益

"1.5 次产业"是指介于一次产业和二次产业中间的产业，即农产品加工业。大分县原知事平松守彦先生认为：农产品短时间内提高到二次产业非常困难，但可以把农产品略做加工，提高一次产品的附加值，也就是"1.5 次产业"的概念。"1.5 次产业"具有生产专业化、高效增值性、直接满足消费需求等多种优势。日本在发展"一村一品"运动中，将"1.5 次产业"作为重点实施政策，并致力于打造知名品牌（图 11-2）。如大分县的"梅子蜜"、"吉四六酱菜"等多个农产品加工品种，在保证优良品质的同时，通过电视、发布会等形式就行宣传促销，销售额达数亿日元。

3）注重人才培养

具有国际水平高素质人才，是乡

■ 图 11-1　日本大分县生态乡村

■ 图11-2 日本大分县有机
农业特色产品

■ 图11-3 日本"一村一品"
农产品包装说明

村建设的关键。只有具备源源不断的人才，一个地区才可持续发展。"一村一品"运动的关键同样是培养一批在农业、工业、服务业等各个领域内能够适应时代、具有挑战精神的优秀人才。大分县政府无偿开办大量补习班、商业讲习班、海洋养殖讲习班、妇女讲习班等，当地农民都可免费前去学习。

11.2 "一村一品"发展措施

1）政府引导，强调民众自主性

"一村一品"开展之初，政府将规划引导和模式推广相结合，搭建发展平台。各地农业部门需要深入实地调查，制定"一村一品"发展规划，促进各村庄的特色产品优势。"一村一品"发展过程中，政府不干预农民的生产自主性，不直接提供资金补助，而是主要予以技术上的协助，设立农林渔牧业相关的研究中心，研究相关产业的生产、加工与营销技术，引动群众自主创新，调动积极性。

2）发挥农民组织作用

农民从主导产品的选择到生产、加工、流通和销售等一系列环节都扮演着重要角色，是发展"一村一品"的主体。组建农民组织可准确了解农民需求，促进农民生产的积极性，有助于产业高效管理。如日本设立的农业协会是由各基层农协、各县经济联合会和中央联合会三级农协组成。这三级农协会为农民提供及时、周到、高效的服务，绝大部分农民都参加了农协组织。日本农协组织主要为农民提供农业生产资料，负责农业新技术的培训和推广，收购产品后统一包装、储存、运销（图11-3）。

3）重视农民教育

在"一村一品"发展过程中，农民的职业素质影响着农民收益。重视农民教育，提高农民职业素质已成为发展"一村一品"的重要环节。农民职业素质涉及种养技能、经营管理和组织合作等。为提高相关素质地方相关部门可通过组织培训班、讲座等，无偿向乡村居民传授农林渔牧业的种（养）植（殖）、经营、管理、销售等技术知识。

11.3 不同产业中的"一村一品"

"一村一品"涉及乡村多个产业，每个产业因其自身属性不同，发展措施也不尽相同。

1）种植业

种植业推进"一村一品"的过程中,注重结构调整,以市场为导向,依托区域资源优势,发展特色、高效、高收益的产业和产品。产业管理向规模化、标准化方向发展,优化产业系统,提高产业效益。重视科技力量,采取创新科技推广手段,建设示范园区、研究中心等方式,促进新技术应用。此外,为使种植业"一村一品"可持续发展,应为农户生产和销售提供技术、信息、资金及政策支持,设立完善的服务体系。同时,还需采取多种措施帮助农户产品打通销路渠道。

■ 图 11-4 畜牧业中的"一村一品"

2）畜禽业

畜禽业"一村一品"的建设有利于发展资源优势,培育特色产业,促进规模发展,提高当地乡村经济效益（图 11-4）。畜禽业发展"一村一品"过程中,应注重企业作用,以养殖生产、加工、流通等企业为中心,推进畜禽业"一村一品"发展,由发展较快的企业带动其他发展较慢的企业或农户共同发展,使"一村一品"全面开展。同时,注重科技力量,以推行无公害安全养殖为重心,提高产品安全质量水平。

3）农产品加工业

农产品加工业分为原料基地依托型"一村一品"和产品市场依托型"一村一品"两种模式。原料基地依托型"一村一品"主要通过发挥区域资源禀赋和延长产业链条,促进乡村经济结构调整,引领现代农业发展,增加农产品附加值,提高产业关联效应,拓宽农民就业和增收渠道等；原料基地依托型"一村一品"主要通过传承产业传统或承接产业转移发展集聚经济,培育主导产业,增强乡村经济活力,拓展农民就业和增收渠道等。

4）旅游文化类

各乡村地区具有不同的旅游资源,各具特色,适宜可开展"一村一品"。旅游文化类"一村一品"注重加强对本地乡村特色优秀的文化资源的保护,将其发展、推广,促进传统手工艺品业等相关产业发展。深入了解自身特色,突出特色,促进观光休闲农业等相关旅游产业的建设、发展。同时,注重生态保护,使经济与生态并存,走可持续发展道路。如中国台湾地区为带动乡村地区经济发展,大力发展观光休闲农业,开办了众多休闲农业区（图 11-5）。

■ 图 11-5 台湾地区休闲农业

第12章 生态乡村生境空间

12.1 乡村生境空间的组成要素

种群的空间是指生物与环境间进行物质与能量转换的场所，而乡村生境空间是侧重研究在乡村的区域范围内，生活在同一生活空间的不同个体、物种和种群之间产生的相互影响的关系空间。乡村的生境空间分为非生物组分和生物组分。非生物组分为太阳辐射、有机物质、无机物质、森林、土壤、水及物质代谢原料（无机盐、腐殖质、脂肪、碳水化合物等）等。生物组分为草食性动物、肉食性动物、绿色植物及微生物等。乡村的生境空间的组成要素通过对自然生态系统中太阳能的利用，进行绿色植物、草食性动物、肉食性动物等的能量流动，有效地提高生物的生产力。此外，过剩的生物生产力可用于农业的生态系统，将生境空间中转化后的生物生产力用于煤炭、风力、水力、人力、畜力的操作中，有助于提高植物保护剂生产、田间排灌、栽培操作等的实施效果。

12.1.1 生物的相互作用

共同出现在同一生境空间内的个体、物种及群体的相互影响，彼此联系，生物的相互作用离不开对气候、土壤、生物的依赖，并依赖生境空间内生物组分的关系（营养关系、竞争关系、互利共生关系等）进行能量与物质的流动。

1）环境的生态作用

（1）土壤。土壤内含有丰富的微生物、动物及植物。微生物包括细菌、真菌、藻类等，影响土壤的形成和发展。动物主要以蚯蚓为主，蚯蚓通常居住在湿润的、酸性低有机质含量高的黏质土壤中，影响土壤透气性和疏松度。对于土壤中的植物来说，必须从土壤溶液中吸收营养物质，土壤黏力和腐殖质的含量对植物养分的吸收发挥至关重要的作用。此外，土壤的 pH 值、矿物质元素、有机质的含量都会对土壤产生生态作用。

（2）光照。生物的生境空间离不开光的生态作用，光照是维持生物生命活动的基本前提。光照主要体现在对植物和动物的影响上。光照影响植物的发育条件、植物的繁殖特性、植物的休眠、植物的分布等；虽然光照本身并不作为动物的能量来源，但会对动物的生长发育、成长和繁殖产生影响。

（3）水。水是重要的环境物质，是有机质与无机质的运输媒介，水的生态作用主要体现在对生境空间内生物的种类、动植物的数量、动植物的生长发育、生物的食物供给及生存基础等方面的影响。如一个生境空间内生长茂盛的水稻，一天约吸收 $70t/hm^2$ 的水。

2）生物的相互作用关系

（1）营养关系。物种的营养关系是指在多种物种组成的营养级内，大部分物种并非只利用一种单一物种，而是利用多种物种，存在对资源的影响依赖及竞争关系。在很多条食物链彼此交错形成复杂的营养结构——食物网，是生态系统能量流动与物质循环的"生境空间"。物种的营养关系对物种的群体密度及种群的繁殖产生重要的影响，物种丰富，抵抗力稳定性高，一个个体对种群后代也具有相对的贡献。

（2）竞争关系。不同的物种生活在同一空间，占有相同的生态位，共同利用同一种资源或多种资源，产生对有限资源的竞争，参与的生物某一方扮演剥削者的角色，影响另一方，从而剥削者一方能获取更多的利益。生物种群的竞争主要有两种表现形式：一是种间竞争，是指发生在多种不同物种之间的竞争，生物种群与种间竞争程度呈正相关；二是种内竞争，是指发生在同种物种之间的竞争，如与大麦一起生长的田间杂草对阳光和养分的竞争。

（3）互利共生关系。与物种的竞争关系不同，互利共生关系又称互惠共生关系，是指不同物种在同一生境空间内，通过物种之间相互依赖、依存，而产生的具有互利、特异性的特征关系。互利共生常发生于需求极不相同的生物之间，如在生态农场中，微生物不仅可以帮助反刍动物（牛、羊等）消化食物，而且自身的生存得到保障。

12.1.2 生物多样性概述

生物多样性（Biodiversity）是指在一个确定的区域内生物与环境相互作用而产生的基因多样性、物种多样性及景观多样性。生物多样性小到分子、个体和细胞，大到景观的空间结构、时间动态及功能都具有多样性及变异性。生物的多样性受到太阳能、水供给、营养资源、养分供给等因素的影响。一个潜在的生态位多样性与生境空间内动物与植物的密切关系有关联。如乡村新开垦的农业用地的开垦面积的扩张，导致种植的集约化，使生长在那里的野生植物种类及动物数目逐年递减。据统计，目前物种消失的速度是每年 1.7~10 万种。1992 年，联合国环境与发展大会通过了《生物多样性公约》，用于生物多样性的保护。生物多样性是人类生存和乡村可持续发展的原动力，对维持生态平衡和改善生态环境都发挥着重要的作用（图 12-1）。

12.1.3 保护生物多样性的促进措施

1）重视可持续性草地的保护

乡村通过直接使用现有的河流和水域作为土地分界线，使岸边生长的植物不受损害并得到保持。此外，乡村除对有价值的自然生态因素进行保护外，还应采取适当的措施保持农田的生态价值，如把道路或水渠旁边的树木与保留下来的灌木丛或沿岸植物结合起来，作为生物群落的组成部分或利用潮湿及干旱类型的生物群落。德国注重在耕作环境与原始环境中保持丰富的生物多样性，拥有草场群落生存环境，在草场、牧场等环境生长的众多绿色物种影响动物食物的健康性及野生植物的多样性，据统计在德国的可持续性草地上，现存动植物约有 72000 种（图 12-2）。

2）促进复合农业生态系统的形成

农业生态系统中，单一种植面积的扩大，肥料的增加，杂草与害虫的防治，使动植物栖息的空间变少甚至消失，限制了动植物物种的存在可能性，应合理调整农业结构，调整未来农田耕作的方向，以避免山丘和田埂对耕作的影响。气候的变更会对影响生境空间内物种的多样性，增加土壤碳储备，培育土壤碳库。日本有许多复合农业生态系统，如静冈县茶—草复合系统是生产绿茶与草地管理的生态农业系统。茶树与草场形成共生的空间，

■ 图 12-1　台湾大溪花海农场

围绕在茶树周围的草地，不仅提高了茶树的质量，而且对茶树的根部具有保护作用，提高了茶园的生物多样性。

　　3）注重对生物多样性的战略制定

　　以日本为例，日本根据国土资源地理环境的差异，因地制宜地采取多种保护措施。森林方面，日本森林所带来的直接与间接经济效益相当于日本财政支出的总额。日本注重对

■ 图 12-2　德国生物多样性保护

农田防护林的建设，10hm² 防护林可以保护农田 100hm²，同时采取间伐的措施休整森林。近海及海洋方面，建立海藻场，浮游植物吸收水中的各种矿物养分，保持水体的清洁程度，浮游动物还可以作为幼鱼的饵料。农田生物方面，日本利用农田生物净化环境，1hm² 干燥土壤中微生物的分解能力，相当于一个 400hm² 的活性炭净化站的处理水平（图 12-3）。

　　4）提高居民保护生物多样性的意识

　　村民对村落存在着依附性和强烈的情感价值。村民对生态环境及相关问题的认识、态度及价值取向影响其采取生物多样性的保护行为。良好的生境空间以及可持续性的乡村发展，是村民得以生存发展的基础。日本对乡村居民生物多样性的保护进行引导与培训，日本通过采取全民动员的措施，创设"生物认证标志"，开展宣传普及活动，重视生物多样性的保护。此外，一些乡村的农业生产者和自治组织参加地区多种共同保护生态系统的活动，如保护森林活动、保护农地活动、维护管理海藻场等活动。

12.2　乡村对生境空间的利用

　　空间是生物与环境间进行物质与能量交换的场所，使种群的每一个有机体具有动态变化的活动空间。乡村的生境空间，一方面为了满足人类的生存和持续发展的需要，形成独特的农业生境空间；另一方面，自然生境空间要达到生物现存量的最大，但是由于人为的破坏，制约了自然系统中种群的数量及平衡性，对生物多样性造成破坏，导致生态入侵。如何将自然系统中种群之间的相互关系利用到农业生产是乡村生境空间利用的重要问题。

■ 图 12-3 日本生态乡村河流保护

12.2.1 农业生境空间的利用

人类通过对生物群体与其功能的有规律的干预和控制，塑造人为的生境空间——农业生境空间。农业生境空间提供人类赖以生存的基本生产资料和动植物蛋白等营养物质。农业生境空间是由各种农业生物类群组合而成，主要包括农田、人工草地、人工林地、池塘、梯田等类型的景观单元组成的农业景观结构。农业生境空间与生物种群结构的繁简、能量转换与物质循环的途径等密切相关，生境空间组成成分的多样性能够增强其抵御自然灾害的能力及稳定性。

从全球范围看，由于传统农业建立在农业化工产品的应用上，导致环境的恶化，这不仅对农业生境空间产生影响，还涉及景观及其结构的生物多样性，这也是地球变暖的主要原因之一。而现代生态农业中的农田保持和改进了农业结构和物种的多样性，禁止使用植物保护剂（化肥和农药），通过生产系统中封闭式的养分循环，保持土壤的肥力。以种植形式为例，复合式的种植形式，通过增加土地的休耕，促进农业生境空间的可持续发展。在森林覆盖的欧洲，采取农业种植与可持续性的林地利用的周期转换系统——农林农作制。德国的一些乡村，农林农作制以栎树或农林间作的方式而著名，并一直保持到 20 世纪（图12-4）。此外，农田与草地的转换系统——农田草地农作制，在传统的农田草地农作制中，草地化是自然而然形成，而在现代的农田草地农作制中，通过对草地的播种，为牲畜提供饲料（图 12-4）。

通过对农业生境空间的利用而产生的积极作用，可归纳为以下四方面的内容：①供给方面，为人类提供农作物、家畜、水产养殖、野生动物等；②平衡方面，为水循环、保持土壤涵养性、养分循环等提供支持空间，处于生态平衡状态；③生态方面，调节大气的质量，区域和局部地区尺度调节气候、减少侵蚀等；④人文方面，为人类提供休闲与生态旅游的

■ 图 12-4　德国农业生境空间

■ 图 12-5　江西省婺源县农业生境空间

空间与提高人类生态意识（图 12-5）。

12.2.2　自然生境空间的利用

　　自然生境空间是种群的每一个有机体与环境进行物质与能量转换的最优空间。由于人类对自然生境空间的破坏，影响了种群的波动性、平衡性，导致种群的衰落与灭绝及生物

■ 图 12-6　日本自然生境空间

的入侵。种群对自然生境空间的利用方式主要有两种：个体利用，通过个体或者家族式的种群结构，对空间的利用；集体利用，通过集群的生活方式对空间内的资源进行利用。如，植物种群共同分享热量、水分、光照等资源。

在自然的生境空间内，生物栖息场所的单位空间即是生物群落的生态位。生态位代表种群中有机体在正常的生活周期内，所表现出来的对环境的综合适应能力，同时，会产生竞争排斥与生态位重叠的现象（图12-6）。在农业生境空间中，人类经常根据生态位的条件及其与周围关系的认识程度，对自然生境空间的生态位进行改变与拓展。自然生境空间在各种因素的干扰作用下发生位移，原始功能与基本结构遭到破坏。而自然生态生境空间的自我恢复能力缓慢，需要人为地恢复改变生态环境演替的方向和途径，如种群相互的作用关系在农业生境空间的应用，利用鱼和水稻的互利关系，建立稻田混作的模式，鱼类通过水稻提供的水分与食物，为稻田提供养料与肥力。此外，鱼类可以采食稻田中的杂草与害虫。

第 13 章　生态乡村植物物种保护

13.1 乡村植物多样性

在一个确定的环境空间内，一个植物群落空间或功能组分中的物种数目，即植物多样性，乡村为植物群落的生长创造了一个良好的生活空间。乡村植物受到光、温度、降水条件、地理与水文状况、矿物养分、CO_2、海拔高度等因素的影响。

合适的自然环境为植物提供丰富的营养与能源，决定一个生活空间植物多样性的因素是养分，土壤中养分的数量、养分自身在空间和时间上的有效性对植物的多样性发挥至关重要的影响，养分通过风化释放、分解释放及交换释放等方式将有效地释放养分，使物种种类利用养分资源完成自身的成长。但并非植物种类数最多的地区，养分的提供最为丰富。如在流动的乡村河岸旁，被淹没且具有良好养分的地区的植物群体并未出现植物的多样性，只有少数单一植物种类能够有效地利用高养分供给，具有竞争及生长优势。

决定一个生活空间植物多样性的另一个因素是土壤，土壤具有一定的肥力，是植物进行矿物养分、水分交换的场所，土壤通过接纳、储存及排出水分，使土壤中一定量的水分固持在土壤中，持续不断地为植物的根系吸收，以达到土壤的水分平衡。

植被也作为景观中的组分之一，植物的多样性影响乡村植物景观的形成，乡村植物主要在乡村空间内进行能量与物质的流动，呈现非人工性、野趣及田园风格的特征（图13-1）。

■ 图 13-1　台湾乡村植物多样性

■ 图 13-2 台湾植物物种保护

■ 图 13-3 日本乡村植物物种保护

13.2 乡村植物物种的保护措施

1）重视植物物种保护

对于药用植物物种，按年、分区、有计划、有节制地轮换采收。对于世界珍稀植物物种，选择合适的生境空间，建立不同类别的珍稀物种保护区，并进行优先保护，在植物的生产地建立自然保护区（图13-2）。加强对植物物种的科学调查研究，多层次保护植物物种多样性及可持续利用，研究其受威胁的方式、程度，制定合理的保护策略，如苔藓除了具有科学价值及经济价值外，还可作为监测环境污染的指示作物。测试植物物种在相同和相近的气候土壤条件下的植物存活率，建立安全试验场，对其进行种群存活力的分析，使野生植物异地均可繁衍。

2）注重植物物种的调查

乡村景观中依据植被的不同可以区分为森林、草地及农田，使植物种群与其他群落生境密切关联，相互作用。日本建立乡村植物物种资料库，对乡村植被的种类、生存状况、生长环境及繁殖方式进行记载，并对村民进行培训，使其获取植物物种保护的技能，了解植物物种的保护价值（图13-3）。德国调查每个地区的潜在自然植被，根据植物种群适应的乡村生态环境的情况，有针对性地进行选择。如将抗干旱、抗病虫等条件作为植物选择的衡量标准。

3）增强民众的保护意识

生态乡村的植物物种的可持续发展与增强民众的生态意识息息相关。民众根据乡村的植物物种类型的了解及对乡村依附的情感价值，对植物物种生境空间赋予文化内涵并加以重点保护。针对乡村的实际情况，开展特色的课本教程，增强青少年的植物保护意识。组织植物学专家、植物

■ 图 13-4 德国森林保护

技术研究专员、相关专业人才对村民进行生态意识及技能培训。都市游客通过乡村旅游的方式走近森林、田野、农田等小尺度空间，在游览的过程中，通过乡村举办的接触自然体验活动，增进都市游客对植物多样性保护的理解。

4）多元主体的支持

日本多方积极推动植物物种多样性的保护，地方公共团体、农业生产者、民间组织和自治会、非营利组织（NPO）等通过参加地区植树造林，整治山林，减少捕猎鸟兽，休整农地，增强乡村的活力。日本多方参与保护植物物种多样性，保护珍稀植物物种，推进了植物的可持续利用。对已实施的保护植物多样性活动进行再评价或支援，全面推进植物物种的保护。

5）生态产业的推广

森林的破坏，树木的肆意采伐，地下水位的下降改变了原有的生境空间，使植物物种受到严重的威胁。生态产业是代替资源掠夺性产业发展的良性发展途径，调整乡村的内部结构，区域的产业规划要以维持或回复地域原生景观为主，实现植物物种资源的永续利用，实现生态产业的闭合循环（图 13-4）。

第 14 章 生态乡村古建筑的保护

14.1 生态乡村古建筑保护概述

"建筑是凝固的艺术"是一种秩序、观念及沧桑的停滞。古建筑不仅以它的实体保存下了当时的建筑技术与建筑艺术，同时也记录了发生于此的众多事件，以及古代的政治与历史。在保留古建筑历史价值前提下，经过适当的结构"诊断"，为古建筑创造更好的生存状态，使更多的闲置空间再次获得继续生存的机会。

乡村古建筑是历史文化遗产的重要组成部分，反映了乡村历史文化及历史发展的脉络。现代村庄在发展建设过程中，营造仿古建筑，拆旧建新，使传统乡村的风貌及乡村古建筑受到很大程度的破坏，乡村的古建筑亟待进行生态修复。保护乡村历史建筑，重视乡村民俗民风及原始空间形态的保护，已成为各国发展过程中的重要议题（图 14-1）。

14.2 生态乡村古建筑保护

14.2.1 保护措施

1）严格保护现存的空间格局

街巷是乡村保护的公共空间之一，过街楼、古树名木、牌楼、轿厅等都是街巷里作为空间分隔的标志，是重现乡村地方传统文化的载体。日本传统建筑空间格局的保护重点在于对建设控制地带的空间与环境进行整治，整治之前会充分进行专业调查。日本根据文化遗产的重要程度，将传统建筑划分为几个等级，并采取不同的保护手段（图 14-2）。

2）尊重古建筑的原貌

古建筑具有强烈的地域文化特色，进行保护性修缮时，内部主体构架及外部围护墙的

■ 图 14-1　四川省平昌县乡村建筑

修复都以乡村古建筑的古旧风貌为主（图 14-3）；古建筑附近修建建筑物注意与古建筑保持协调性，且门窗、色彩风格、立面风格等与古建筑保持一致性。文物古建筑和历史环境中保存着历史的信息，延续原有的功能是最有利于文物的利用方式。历史建筑基本上都是在保护的同时合理地利用——"活用"。一般来说，大型文物建筑大多用来作博物馆、图书馆等。

3）乡村民居的保护与改造

在乡村民居的维修中，以保留古建筑的艺术性和真实性为主，加强旧住宅生活设施的改造，保持乡村的特色。当地政府及时给予一定的补贴，以保证村民对民俗遗产旧建筑的修葺。如荷兰的桑斯安斯（Zaanseschans）风车村，通过维修、改造，建成宜居、开放的保留区和博物馆，依靠古老的村屋，表演精彩的民俗活动，吸引大量的游客。日本国民对于古旧房屋有一种发自内心的喜爱，以榻榻米为特色的传统日式房间，即使在现代也仍然受到很多人的喜爱。这也从另外一个方面说明了日本保护文化遗产这项工作深入人心（图 14-4）。

4）制定保护法规和相关政策

各国在乡村古建筑保护上的一个通则——立法先行。以日本为例，日

■ 图 14-2 日本传统街巷保护

本的古建筑保护具有典范性，国家曾出台《古都保存法》、《文化财保存法》、《文物保护法》等对文化遗产进行保护。1975 年 7 月日本对《文化财保护法》进行修改，增设"传统建造物群"为新的一类文化财产。通过立法的强制性与调节力，在乡村逐渐提升民众的保护观念。

5）村民的参与性与积极性

欧洲乡村古建筑保护工作重视民众的参与，村镇古建筑保护相关规划草案要通过民众的评议，日本的古建筑多以木结构为主，遭到腐蚀的木材，难以长时间保留，有时还会遇到地震等自然灾害的侵袭，因此，日本将古建筑保护推及至社区，进行社会教育及保护意识的传播，关心乡村当地居民的感受，以历史保护为重点的社区环境在乡村及城市都有普

■ 图 14-3　日本乡土建筑的保护

■ 图 14-4　日本生态乡村的生态建筑

遍性的实施意义。

14.2.2 古建筑保护实例

1）德国

德国古建筑是村庄保护的主要任务之一，德国政府规定，具有 200 年以上历史的建筑均须列入保护之列，支持古建筑、街道的维修和保护，并拨出大量专款保护整治建筑。古建筑保护的主体一般包括政府、个人、民间组织。古建筑保护大部分采取以部分复原的方式恢复建筑的历史原貌。采取这种方式的原因主要是欧洲国家的很多古代建筑，宗教色彩浓厚，艺术表现性极强。德国几乎所有的古建筑构件和外立面都附有大量的石刻雕塑，与结构本身共同组成一座古代建筑艺术品，一旦建筑物受损，社会为继续发挥其宗教上的作用和影响力与保持建筑物的整体艺术魅力，往往是采取复原的方式恢复建筑的原有面貌。

2）日本

日本在传统建筑物群保存地区中，选定具有较高价值的地区或者地区的一部分作为全国重要传统建筑保存地区。据统计，截至 2003 年 10 月，日本已有 61 个地区的 10546 栋传统建筑被选定为保护建筑。如联合国教科文组织将白川乡合掌式建筑村落列入世界文化遗产。1888 年，日本市町村制度施行，白川村诞生。合掌屋（合掌造）在日本被称为"合掌造り"，由于屋顶的造型好似人的双手合掌一般，由此得名。合掌屋是日本独有的一种民宅建筑，屋顶由稻草芦苇覆盖而成，合掌屋面对着南北方向，可减少受风力。此外，白川乡规模最大、最具代表性的民居——和田家保留了江户时代的建筑文化精髓，也被日本政府指定为国家重要文化遗产（图 14-5）。

14.3 古建筑的修复

古建筑保护修复的原则必须采取原址保护，尽可能减少干预，定期实施日常保养，保护现存实物原状与历史信息，正确把握审美标准，必须保护文物环境，考古发掘应注意保护实物遗存，预防灾害侵袭。大约 200 年左右日本的古建筑几乎都要解体大修一次，以补充更新其生命力。这个传统在日本一直继承下来，这是传统的维修木构建筑的方法，也是木构建筑较之砖石建筑更为优越的特点。一座木构建筑要将其落架或解体维修，较之一座砖石建筑要方便得多。

（1）保养维护工程，不改变建筑的结构、材料质地、外貌、装饰、色彩等情况下进行的经常性保养维护，如屋顶除草勾抹，局部揭瓦补漏，梁柱、墙壁等的简单支顶加固，庭院整顿清理，室内外排水疏导等小型工程。此类工程就由管理或使用单位列入年度工程计划和经费预算，作为经常性工作。东方建筑体系——木结构建筑体系，包括中国和日本、韩国、越南等国的传统，都是要随色做旧，要与古建筑的色调相一致，甚至要把它的花纹彩画等做得与古建筑原貌相同。

（2）加固抢险工作，建筑物、石窟岩壁以及壁画、造像、石刻等发生危及文物安全的险情时所进行的抢救性措施，诸如支顶、牵拉、堵挡、加固等抢救性措施。此类工程须在技术检查的基础上制定抢险加固方案，报相应的文物主管部门审批后进行。如因特殊情况

■ 图 14-5　日本白川乡乡村建筑——合掌屋

不能事先申报时，须补报备案。

（3）重点修缮、局部复原工程，系指对文物进行较大规模的重点修缮或局部复原工程。此类工程必须事先做好勘查测绘、调查研究，在充分掌握科学资料的基础上进行设计。工程设计必须经过认真分析研究，广泛征求有关方面专家的意见，并在提出相关文件，如《修缮、复原工程申请书》等报经相应的文物主管部门批准之后，方得进行施工。

（4）保护性建筑物与构筑物工程，系指为保护文物而附加的安全设施，诸如排水防洪堤坝、防水房、亭、新加窟檐等。凡此类构筑物或建筑物，须与文物及环境风貌相协调。对文物本身和其周围的历史残迹，必须严格保护。此外，在落架过程中要像保护陶瓷、书画那样来保护古建筑的原构件和附属艺术品，残损的构件能修补用的都要加以修补用回去。一般而言凡有残损的大都加以更换以求坚固，近些年受西方和中国提倡保存原构件的影响，乡村古建筑采取了尽可能加以修补利用原构件的办法进行修复。

尽管现在古建筑保护方面从理论到实践都比以往有所进步，但在实际中，仍然存在很多忽略保护理念和建筑特点的做法，诸如传统建筑工艺失传等，甚至一些传统做法盲目被现代技术所取代，使得一些维修工程的结果偏离了乡村古建筑保护的初衷。为了保证工程质量必须要有一个合格的而且是高水平的设计单位。复原工程设计事先要进行深入调查研究，收集资料，整理分析，实际是一个科研工作。方案和设计均需要经过专家论证和相应的主管部门批准。施工更是保证质量的关键，除按图施工之外，一些工艺技术很强的内容如彩图、雕塑、壁画等都需要有经验的老匠师、老艺人指导把关，才能使质量得到可靠保证。建立科学的古建筑保护研究体系是实现保护理念的重要基础，最大限度地使文化遗产得到更全面的科学关照和人文关怀。

第 15 章　健康乡村

15.1　乡村医疗卫生设施建设

乡村医疗卫生设施建设应以乡村居民需求为出发点，满足乡村居民的健康需求，保障乡村居民卫生健康，为乡村居民提供周到细致的服务。乡村医疗卫生设施建设内容主要包括以下几方面：

1）医疗卫生机构选址

乡村医疗卫生设施建设主要以医疗卫生机构的设置为主。乡村地区按照不同地区的人口规模等因素设置不同等级、不同数量的医疗卫生机构。按照一般规划要求，医疗卫生机构布局一般以居民看病方便为原则，选址靠近交通便利、人口集中的地区。此外，为提高医疗卫生机构总体质量，医疗卫生机构应避免设置在脏乱、喧闹地段，为患者提供干净清洁、阳光充足、幽静的疗养环境（图 15-1）。

2）资金投入

乡村医疗卫生设施建设需要大笔资金投入，政府可通过设立专项资金等形式对医疗卫生基础设施建设提供重要的资金渠道。例如日本通过实行财政投融资制度，为医疗卫生基础设施建设提供重要的补充财源。

3）完善医疗卫生设施建设相关的法律法规

完善的法律法规体系可有效规范医疗卫生相关部门工作机制，使乡村地区居民享受医疗卫生服务的权益得到保障。同时，强化相关部门处理医疗卫生突发事件的责任和权限，降低政府及全社会应对突发性医疗卫生事件的成本，将医疗卫生灾害的损失减少到最低限度。

4）发挥政府主导作用

在医疗卫生事业发展的各个环节，政府的主导作用非常重要。医疗卫生设施建设由政府主导可确保医疗卫生服务的可及性、公平性，提高医疗卫生系统的运行效率。如医疗卫生设施建设较完善的德国，是由政府直接对公共卫生服务进行组织，在一般医疗领域，服务体系布局也由政府直接投入，社会保险等筹资均由政府强制实施，特殊人群的医疗费用由政府承担。

15.2　远程医疗

远程医疗（Telemedicine）是当前世界上发展极为迅速的高新技术应用领域之一，已在全球卫生行业得到广泛的重视和应用。狭义上，远程医疗指研究如何利用多媒体计算机技术、通信技术进行医疗活动的一门学科。由于多媒体通信技术的迅速发展，远程医疗的应用得到推广，得以迅猛发展。远程医疗以多种数字传输方式，通过计算机网络，多媒体技术和远程医疗软件系统，建立不同区域的医疗单位之间以及医生和患者之间的联系，完成远程咨询、诊治、教学、学术研究和信息交流任务，是一种现代的、全新的医疗服务模式。

美国、欧洲、日本等发达国家及地区已开始大力发展远程医疗，医疗机构应用远程医疗，逐步展开远程会诊、远程控制手术等项目。一些西欧国家已研制并试用包含基本医疗信息的 IC 卡，使任何一家联网医院都可以得到有关患者的最新治疗信息。

将远程医疗应用于乡村，可有效解决一些乡村地区受地理或区位限制等因素造成的医疗资源不足等问题，具有深远意义：

■ 图 15-1 日本生态乡村医疗机构环境

1）方便患者享受大型医院医疗服务

远程医疗可让乡村地区居民不用前往城市，仅在当地医院便可接受大型医院顶级专家诊断和治疗，缩短了乡村地区居民前往城市就医的成本，减少了疾病诊断和治疗在时间上的延误。

2）增加医护人员交流、学习机会

远程医疗扩大了医护人员与同事交流的范围与深度。远程系统可将病例报告和图像及时发送到参与讨论的医院或地区的医护人员的电脑终端，方便医护人员交换信息，使偏远地区医疗系统可及时获得最新医疗动态等信息。

3）优化医疗卫生资源配置

远程医疗加深了医院信息化、数字化程度，乡村地区患者无需前往城市，在家便可享受一流医疗服务，大大减轻了城市及地区的求诊人数，避免医院拥挤，优化了医院医疗资源的配置，有效促进各级医院医疗水平的提高。

第 16 章   乐龄乡村

16.1 老年公共服务设施建设

老年公共服务设施建设，以老年人在使用上感到方便、舒适和安全，在起居上与社会保持密切的联系，可及时得到社会的关心和帮助为目标。老年公共服务设施应满足不同层次老年人的多样化需求，补充完善医疗保健设施，重视老年照料和服务设施的建设。公共服务设施建设完善与否直接关系着老年人的身心健康。

1）老年活动中心规划

老年活动中心主要为老年人提供文体、休闲、兴趣爱好及培训等设施和场地，可满足老年人户外健身活动和思想交流的需求，有益于老年人身心健康。在规划老年活动中心过程中，应充分考虑到老年人的心理和生理需求，多采用无障碍设计，合理添置绿色景观，以供老年人在活动的同时，可观赏到优美的景观，力求为老年人提供安全舒适的活动空间（图 16-1）。

2）老年公寓建设规划

老年公寓是面向有一定经济能力的老年人提供居住服务的社会养老机构。老年公寓由政府机构或社会力量按照市场原则开办和管理，既能体现老年人居住养老，又能享受到社会化服务。老年公寓的规划建设目的是适合老年人的身心特征，满足老年人家庭生活中的需求。老年公寓选址宜选在环境良好、交通便利、公共设施齐全、生活气息浓郁的地段。公寓要求有良好的日照、适于老年人的空间设置（如方便轮椅使用的通往室外的坡道

■ 图 16-1   生态乡村老年活动中心

等）以及保障老年人舒适活动的空间，等等（图
16-2）。

3）养老院设计规划

养老院是专门收养乡村中无依无靠的孤寡
老人的社会福利机构，是社会保障的重要内容。
养老院选址一般选在环境良好、幽静的地段，但
同时也需注意满足老年人购物、就医、户外活动
等需求，不宜过于偏僻。规划过程中，注意绿色
景观的设计，给予老人以舒适、优美的生活环境。
此外，养老院规划还需重视对老年人的心理养
护和教育培训等，以关注老年人精神需求，使
老年人内心也获得满足感（图 16-3）。

■ 图 16-2　服务于老年人的设施设置

■ 图 16-3　生态乡村养生步道

16.2 **乡村老年生活关怀**

随着社会的快速发展，乡村经济也迅速崛
起，乡村地区居民不再仅追求物质利益，而开始
更多地关注精神上的满足。乡村地区老年人在
结束了辛苦的劳作生活后，对精神世界的满足
更为迫切，容易对新生事物产生兴趣，渴望交流。
为了使乡村地区老年人身心均获得健康保障，需
要从多方面关爱老年人的生活。

1）定期开展文体活动

开展的文体活动必须坚持从乡村老年人的
需求和实际出发，如适当的体育竞赛、棋艺交流
等。多种文体活动可丰富老年人的生活，使老年
生活多姿多彩。节日庆典期间，可举办特殊活动，
通过庆祝节日的机会，为老年人提供相互交流的机会，使老年人获得成就感与幸福感（图
16-4）。

2）完善基础设施建设

完善基础设施建设是满足老年人日常健身、开展文娱活动的基础保障。基础设施建设
完善与否应是以老年人的需求是否得到满足为标准。此外，要注重建立健全的乡村医疗体
系、服务体系，以保障乡村地区老年人真正获得社会关爱（图 16-5）。

3）组织教学培训

对学习的渴望不会因年龄的增长而减退。地方政府及相关部门，应采取多种方式向乡
村地区居民宣传终身教育的观念。通过建立老年活动中心、成立老年协会等形式，针对老
年人对新生事物与知识接受程度低的特点，开展计算机、自然科学等课程和讲座，帮助老
年人提高文化素质，培养正确的精神追求、价值观念等。

■ 16-4 乡村养老机构的多彩文体活动

■ 图16-5 日常休闲区域

16.3 生态乡村居家养老

随着全球老龄化速度的加快，传统的机构养老与家庭养老已不足以满足社会对"养老"的需求，居家养老也由此产生。居家养老是指以家庭为核心、以社区为依托、以专业化服务为依靠，为居住在家的老年人提供用以解决日常生活困难和精神慰藉为主要内容的社会化服务，是对传统家庭养老模式的补充与更新。

乡村地区由于大量青年劳动力外出，老年人对机构养老接受程度低，因此居家养老也就成为乡村地区最应重点发展的养老模式。

1）选择适合的居家养老模式

乡村地区情况各不相同，不同乡村地区，根据自身的经济实力、民俗习惯选择最为适合、最容易让当地老年人接受的居家养老模式。如日本居家养老服务分为日托服务、居家介护、居家护理（日本的医疗和介护使用不同的保险体系，介护人员不能进行医疗行为）、访问医疗和介护预防等。

2）政府支持

居家养老的服务体系的本质是公益性、福利性的，因此，居家养老体系的建立需要政府的资金、政策支持。政府可设立专项资金用于乡村地区居家养老体系建设。建设完成后，各地区政府也应筹备专项资金，以保障居家养老服务体系的正常运行，以避免中途运转困难而遭废止的情况出现。

3）完善服务体系，提高服务人员素质

居家养老服务体系同机构养老一样，需要高效的运营体制与高素质的服务人员水平。居家养老服务人员应是接受过专业培训，待人温和，可向老人提供细致、周到的照顾。此外，相关部门还可定期邀请医疗体系专业人士以志愿者身份参与到居家服务体系当中，对老年人健康提供更为专业的检查与指导。

第 17 章　生态乡村旅游与游憩空间

乡村旅游是以农村社区为活动场所，以乡村田园风光、森林景观、农林生产经营活动、乡村自然生态环境和社会文化风俗为吸引物，以都市居民为目标市场，以领略农村乡野风光、体验农业生产劳作、了解风土民俗和回归自然为旅游目的的一种旅游方式。发达国家的生态旅游一般在纯自然状态下进行的居多，核心特征就是可持续性、社区参与性。

1）鲜明的乡村特色

乡村拥有与城市截然不同的地域特点、民俗风情、文化情趣，这种独特的魅力即是乡村最为鲜明的特色。相反，这种特色魅力决定了并非所有的乡村都能够发展乡村旅游，只有那些具有相对突出的、明显的自然或人文特性的乡村才具有开发乡村旅游产品的基础条件。

2）投资和消费的门槛低

乡村旅游产品不需要也不可以大兴土木和投入巨资去培植人造景观，开发投入成本少，受资金限制程度低。世界各国的乡村旅游，均以本国游客尤其是近距离城市居民为主要客源，旅途短，路费低，不收门票或门票价格低，食宿费用也低于城市。

3）产品项目和产品线的丰富

乡村旅游的产品线集观光旅游、度假旅游、体验参与型旅游、消遣休闲旅游、康体保健旅游为一体，长度和宽度均较大，乡村旅游产品丰富，且产品线之间有较大的差异性，可较大程度满足各种旅游者的需求。

17.1　乡村旅游类型

随着乡村的快速发展，乡村旅游业也开始蓬勃发展，旅游类型愈加丰富。常见的旅游类型包括：生态观光型旅游、体验型乡村旅游、休闲度假型乡村旅游、时尚运动型乡村旅游、健身疗养型乡村旅游、民俗文化型乡村旅游、专门性乡村旅游。

1）生态观光型旅游

生态观光型旅游将生态与乡村特色民俗风情结合，以优美的乡村田园风光、乡村特色民居群落、传统的农业生产过程、民俗博览馆等为主要优势，满足游客回归自然、享受田园生活的需要，吸引城市居民前来参观游览，如日本著名观光农场——富田农场（图17-1）。生态观光型旅游一般包括：观光农园、观光农场、观光渔村、观光鸟园、乡村公园、科技观光游、农耕田园观光、绿色生态游等。

2）体验型乡村旅游

体验型乡村旅游是指在特定的乡村环境中，以体验乡村生活和农业生产过程为主要形式的旅游活动，与当地人共同参与农事活动、共同游戏娱乐、参与当地人的生活等，借以

■ 图17-1　日本富田农场

体验乡村生活或农业生产的过程与乐趣，并在体验的过程中获得知识、休养身心。体验型乡村旅游一般包括酒庄旅游、人工林场、采摘园等。

3）休闲度假型乡村旅游

休闲度假型乡村旅游以滞留性的休闲、度假为主，对游览地的衣、食、住、行做亲身体验，深入了解当地的风土人情，民俗文化。休闲度假型乡村旅游包括：休闲乡村、租赁乡村、乡村俱乐部、民宿、野营地，等等。

4）时尚运动型乡村旅游

时尚运动型乡村旅游以其地理区域为优势，开展针对年轻群体的乡村旅游形式。时尚运动型乡村旅游包括：溯溪、漂流、自驾车乡村旅游、定向越野、野外拓展，等等。

5）健身疗养型乡村旅游

乡村的健身疗养型乡村旅游多以温泉为主要项目，如日本的温泉旅游等都以旅游服务项目的医疗保健功能而闻名。除此之外，健身疗养型乡村旅游还包括散步远足游、骑马游、骑车登山游等。

6）民俗文化型乡村旅游

民俗文化型乡村旅游以农村的风土人情、民俗文化为旅游特色，充分突出农耕文化、乡土文化和民俗文化特色，以此开发旅游产品。民俗文化型乡村旅游包括：民俗文化村、农业文化区、村落民居、遗产廊道、乡村博物馆、传统村落，等等。其中以日本的飞驒民俗村最为典型，该民俗村每年吸引众多世界各地的游客前来参观游览（图17-2）。

7）专门型乡村旅游

专门型乡村旅游一般提供单项的旅游服务，多结合周边城市或大的旅游景区共同开发，如城市周边的乡村餐馆以及与景区集合在一起的乡村旅馆等。专门型乡村旅游一般包括乡村餐饮、乡村旅馆等。

17.2　乡村旅游发展措施

许多国家农业旅游形成多样化的旅游类型，产生了可观的经济效益、社会效益和生态效益。纵观多国乡村旅游发展的成功经验，可总结出几点重要的发展措施。

1）政府支持

政府在农业旅游发展中发挥调控和管理职能，制定农业旅游经营、建筑、环保、安全等相关法律、法规或规划，并对农业旅游区建设给予财政支持。如欧盟1990年开始实施"乡村经济开发关联行动计划",以推动乡村地区旅游基础设施及农业旅游电子商务建设。此外,银行根据政策要求也需对乡村贷款提供各项优惠。

2)农业旅游协会组织积极发挥推进作用

仅依靠政府无法达到高效管理,推进乡村旅游的目的。农业旅游行业协会作为连接政府与农户的组织,加强农业旅游主管部门与经营者之间的横向交流,为农业旅游发展提供技术推广与项目交流等服务支撑,对农业旅游产业化发展起着重要作用。

3)企业发挥主导作用

加强企业的主导作用可有效带动当地乡村旅游产品的发展,提高经济收益。农业旅游企业可调动上下游企业的主动性,加强农业旅游景点企业、旅行社、酒店等单位联系,互利合作,积极开发旅游

■ 图 17-2　日本飞驒民俗村

产品组合。此外,企业还可通过电视、电台、报刊、杂志、互联网和博览会等传播平台,开展农业旅游的整合营销传播,扩大当地旅游的知名度,吸引客源。

4)居民积极参与

居民参与有利于促进城乡交流,提高游客满意度,减少摩擦和冲突,营造资源整合、风情浓郁、文明和谐的农业旅游社区环境。许多成功开展乡村旅游的国家均鼓励农民积极参与,将农业旅游发展为副业形态经营,积极支持农民组建旅游合作社,促进农户及社区居民与旅游者的沟通交流。

5)协调可持续发展

乡村旅游不应建立在破坏生态的前提下,只有保证生态环境的和谐,才能使乡村可持续发展,从根本上带动经济发展,稳定提高经济收益,提高农民收入,促进城乡文化交流等社会文化效益。

17.3 乡村旅游实例

17.3.1 日本

日本是乡村旅游的发源地之一,乡村旅游形式丰富,独具特色。日本国民平均每年至少参加一次乡村旅游,乡村旅游市场约占其国内旅游市场份额的一半以上,赴日外国游客也非常热衷于体验日本的乡村风情。乡村旅游带动了相关产业的发展,成为振兴地方经济的重要手段(图 17-3)。

■ 图 17-3 日本乡村旅游

日本众多乡村旅游类型中，生态观光型旅游最为受欢迎。时令果园是观光型旅游类型中最为典型的旅游形式，备受城市居民喜爱，如位于东京郊外松户、市川与多摩川沿岸，以及登户周边的具有代表性的梨园等，均是典型代表。此外，汤河原、伊东、稻取、西伊豆的蜜柑园，伊豆长冈、久能山的草莓园，山梨县的葡萄园，长野县的苹果园等也有涉及观光型乡村旅游。

时令果园根据果物的成熟季节，定期向市民开放。在日本的一些水果和花卉的主要产地，其农园本身就是人们观光旅游的目的地。从时令果园的分布情况来看，70% 集中在关东、甲信越地区（其中神奈川、山梨、静冈 3 县占 50%）。经营果园的业主共有 2000 余家，其中 80% 为个人经营，其次是"农协"共同管理。从果园经营类别来看，既有专营某一种类的，也有实行两种或多种兼营的，它们大多根据自身的经济实力、技术条件和市场需求等情况来进行开发和经营。这些时令果园的开放时间是不同的，分布在全年不同的季节，让人们一年四季都可以享受到观光、摘果、赏花的田园之乐。

日本乡村也非常重视传统文化的继承与发扬，通过对传统文化的保护与延续发展乡村旅游，如位于东京西北群马县最北端的小镇水上町，以保存史迹、继承手工艺传统、发扬日本饮食文化为基本方针，是日本有名的"工匠之乡"。

水上町聚集了"人偶之家"、"面具之家"、"竹编之家"、"茶壶之家"、"陶艺之家"等 20 多个传统手工艺作坊，占地总面积 350hm²。游客可以现场观摩和体验胡桃雕刻、彩绘、草编、木织（用树皮织布）、陶艺等手工艺品的制作过程。迄今为止，水上町已建成了农村环境改善中心、农林渔业体验实习馆、农产品加工所、畜产业综合设施、两个村营温泉中心、一个讲述民间传说和展示传统戏剧的演出设施。如今，"工匠之乡"的坊主不仅有当地人，也有受到吸引而举家搬迁过来的外地匠人。如今，水上町的游客人数逐年增加，经济效益成倍增长，成为依靠传统文化发展乡村旅游的出色模范。

17.3.2 韩国

20 世纪 60 年代，韩国经济迅速发展，人们的休闲需求逐渐增加，乡村旅游也应运而生（图 17-4、图 17-5）。发展至今天，乡村旅游收入在韩国国内旅游收入中所占比重已达 9.4%。总体来看，韩国乡村旅游的类型主要有：观赏学习型、利用场所设施型、民俗文化、体育修炼、体验农活儿、农产品收获、旅游畜产、旅游果园、旅游渔业、销售农副产品、民俗竞技大会等。

韩国的观光型旅游已初具规模，其中观光农园最为普遍。观光农园最初是由农民自发组织推广。由于部分农户劳动力不足，仅依靠农业获得收入已无法满足日常所需，为此这

■ 图 17-4　韩国甘川文化村

■ 17-5　韩国乡村文化体验馆

些农会利用家中的闲置房屋以及自己经营的田地或果园，打出"乡村特色"的照片，发展起乡村旅游。厌倦了城市生活的城里人，来到环境优美的乡村，以经济的价格入住当地人的家中，吃农家饭，到田地或果园中切身感受农民生活。这种旅游形式吸引了许多来自城市的游客。

韩国的农民家庭旅馆也极具特色。农民家庭旅馆也被称为"民泊"，是韩国政府特许农民和渔民开办的。农民开办家庭旅馆不用纳税，目的是提高农民和渔民收入。乡村的家庭旅馆的房间不多，床铺通常是地炕，设施较城市稍显简陋，但却干净整洁，价格相对低廉。

为了科学、高效地管理家庭旅馆业，韩国专门设有民泊协会。韩国民泊协会承担着为开办家庭旅馆的农民服务和协调的作用。目前，韩国民泊协会有 1.2 万个正式会员和 4.5 万个非正式会员。该协会办有网站，正式会员和非正式会员的家庭旅馆都在网上注册，游客可上网查询。韩国乡村旅游的住宿场所除普通农民家庭旅馆外，还有比较高档的别墅式家庭旅馆、原木屋和韩屋型家庭旅馆，受众一般是高收入的城市人群。仅依靠民宿旅馆，当地居民就可获得丰厚的经济收益。

17.3.3 中国台湾

台湾乡村游是台湾极具特色的旅游产品。早在 20 世纪 70 年代末，台湾就出现了供品尝、购买农产品的农业园。1980 年台北市联合 53 户茶农，建立"木栅观光茶园"，开启乡村旅游的先河。时至今日，台湾乡村旅游已初具规模，尤其以观光休闲旅游最为普及，拥有 8000 多个观光农园（场），年接待游客达 580 多万人次（图 17-6）。台湾休闲农业形式主要以观光果园、市民公园、休闲农场、假日花市、观光渔场、农业公园为主，开展观光、体验、科普、修学、度假、康体等活动。乡村旅游的发展，使得乡村游客增多，农产品完全可以地产地销，台湾乡村的土地因此增值了 2000 多倍。

台湾宜兰县的香格里拉休闲农场是台湾乡村观光型旅游的典型代表。香格里拉休闲农场位于宜兰县冬山乡大进村大进路 1-1 号梅花湖邻近的山丘上。梅花湖是天然湖泊，湖面呈梅花花瓣形，湖畔栽有数株梅花，又伴有缤纷花卉与葱郁树木——湖畔景色美不胜收。

香格里拉休闲农场就坐落于美丽的梅花湖边，占地 55hm²，四面环山，景色秀丽。农场以栽种果树为主，栽有柚子、金枣、柳丁等多类果树，一年四季轮流开放采果。采果区的果树不喷洒农药，结出的果实绿色健康。此外，乡村还设有农产品展售区、乡土餐饮区、

■ 17-6　台湾休闲观光农场

品茗区、住宿度假区、农业体验区及森林游乐区等。农场开辟出一条森林浴步行道，游人在森林浴步行道上悠闲信步，便可漫游整个园区。步行道最高点建有"观日楼"，是观赏日出的佳地。

农场最具特色的是庙口文化区。为让外地游客切身感受台湾地区的文化特色，乡村每晚会举办布袋戏、钓瓶子、放天灯及搓汤圆等特色活动。农场设有专门的体验 DIY 活动，游客可自由参与到各项活动中，自己亲手制作。一些特色活动还配有专门的老师，指导游客制作天灯、木烙（在一块儿原色木板烙上各式的图案），利用各种叶子不同的纹路叶脉，搭配特殊的染料制作独一无二的 T 恤，等等。

此外，香格里拉休闲农场还设有乌心石树林自然生态区、农场文化的体验节等。其中乌心石树林自然生态区栽有 7 万株乌心石树，再现了原始的台湾森林风貌。

香格里拉休闲农场有完善的接待设施、多样的餐饮美食，服务于商务人士的大型会议室，满足休闲娱乐的观光果园、生态美景，极具参与性的体验活动及各种特色节庆活动等，不仅丰富了农场的产品类型，还为生态乡村建设提供了成功经验。

17.4　生态乡村游憩空间

生态乡村游憩地建设和发展的目的是在达到生态、社会、环境及人文要素的和谐统一的同时，满足游憩者的需求。游憩者的需求是游憩场所开发的出发点，以实现游憩场地、游憩设施效用、游憩环境效益的最大化和游憩者游憩偏好的最大满足。

生态乡村游憩地建设成功与否基于其对游憩者的吸引力大小，其吸引力大小取决于游憩地本身的品质和能否符合游憩者需求。一个建设良好的乡村生态游憩地应该具备两方面的因素：游憩资源品质的保证和游憩者感知度的良好。如何提高这两方面因素是建设生态乡村游憩空间的关键。

1）重视环境质量

乡村游憩空间最大的优势来自于其不同于城市的优美环境，是吸引城市居民以及当地居民的主要原因（图 17-7）。环境质量好坏是影响游憩者满意度和重游率的重要因素，也是生态乡村游憩地持续发展的支撑力。因此，乡村生态游憩地发展的重点和方向是加强环境质量,并以此作为吸引游憩者的动力因素。

2）增加多样化游憩活动

乡村游憩空间除了需要具备良好的环境,还需同时具备对游憩者有吸引力的游憩活动,这两点是乡村生态游憩地开发过程中不可缺少的两个因素。多样化的游憩活动是提高游憩者满意度的主要手段,游憩者越满意,游憩地就越繁荣和发展,只有提高游憩者的满意度,才能保障游憩地持续发展。

3）扩大游憩市场

扩大游憩市场是提高乡村游憩空间经济效益的重要因素。扩大游憩市场实施根基依旧是来自游憩者的满意度。满意度不仅直接关系到游憩者对目的地的重复游憩活动,并影响游憩者对目的地形象的人际传播,进而影响潜在客户群体市场的涨落。游憩空间建设过程中,注重与游憩者的交流与沟通,提高游憩空间的口碑,使游憩者的满意度成为扩大游憩市场的最佳途径。

■ 图 17-7　优美的生态乡村游憩环境

17.5　乡村餐厅

受欢迎的乡村餐厅与城市的餐厅标准截然不同。乡村餐厅注重的不是城市餐厅的豪华、现代感,而是其原本的特色。乡村餐厅服务于当地居民以及外来游客,居民希望可以在熟悉的环境中享受美食,外地的游客希望可以在餐厅中体会到原汁原味的乡村特色。这两方的需求也就要求合格的乡村餐厅应具备的元素——乡村特色。

各地乡村餐厅根据各地不同的风俗习惯,体现出不同的风格。如德国的乡村餐厅一般均设有桌球台,食物离不开啤酒、香肠和烤肉。德国乡村的人也极懂得享受生活,喜爱在结束一天劳作后去乡村餐厅放松、休闲一番。这种乡村餐厅规模一般不大,楼上是主人的私人区域,一楼与院子是餐厅区域。服务员只有一两个,餐厅中的客人大多是熟客,服务员虽不多也足够应付。如果是外地游客,可以选择坐在窗边,一般放眼望去就可以看到大片的田地,乡村风光尽收眼底。

日本乡村餐厅相比德国要朴素许多。日本乡村餐厅以日本当地的和食为主,伴有乡村特色蔬菜、果物以及肉类。日本乡村的许多民宿旅馆都设有餐厅,餐厅朴素雅致,服务员一般是日本传统服饰打扮,让人可真实感受到浓郁的日本乡村气息,成为日本乡村旅游一大特色（图17-8）。

日本政府注意到乡村餐厅结合民宿的商机,利用此种形式促进乡村经济发展,号召乡村的女性自主创业,加入到民宿及乡村餐厅的兴办当中。如日本千叶县南房总市的矢原庄

■ 图 17-8　日本乡村餐厅

就是其中的代表。

矢原庄是老辈延续下来的事业，年轻老板在 15 岁时就已接触这行业，房间数 22 间。为解决客人用餐问题，作为老板的矢原太太亲自设计特色田园料理，以满足顾客的需求。

千叶县是渔业及花卉业均发达的县市，晚餐的菜单以当地农渔特产品为主，以配合住宿的客人所推出的会席料理形式；若是接待来体验的学童，则会邀请来访的小朋友协助制作晚餐，在制作的过程中，同时教育小朋友相关食材来源及爱护地球的知识与珍惜资源等观念。晚餐的菜色之一"金盏花天妇罗"非常具有当地特色，金盏花为有机栽培，蘸上日式酱油口感清爽。螺肉是当地养殖场所生产的。民宿早餐准备的料理是传统日本家庭的菜肴，有腌制小菜、味噌汤、咸鱼、玉子烧、色拉、莲藕凉拌、抹茶等。

矢原庄凭借其独特的乡村特色以及优质的服务，赢得极高的评价，吸引了许多人前来，客人多时甚至需要额外聘用几位打工的乡村妇女协助内务工作，如煮饭、洗菜、整理房务、端菜等。

17.6　乡村旅馆

乡村旅馆是乡村旅游的重要组成部分，对当地乡旅游业以及经济发展均有重要作用。乡村旅馆不仅增加了农村居民的经济收入，促进了乡村基础设施建设和城乡交流，还推动了乡村环境整治，强化了村民的环保意识。

以日本乡村为例。乡村旅馆在日本称为农家民宿、农家（场）民泊等，与欧美有许多相似之处，是农业或与农业相关者经营的提供住宿与免费早餐并且提供农村体验的家庭旅馆（图 17-9）。

日本对乡村旅馆有严格的规定。在政府观光局制定的法规中，乡村旅馆往往归于家庭副业经营，并限定须为自有住宅的空闲房间，并规范其消防制度、客房数量、经营规模等，以便与一般旅馆区分。如果旅馆还销售农家菜和农家特色视频，需要经营者必须到所在辖区的保健福祉事务所递交申请，需要取得基于《食品卫生法》的饮食店许可证，方可销售。

17.6.1 分类

日本乡村旅馆依据不同的标准大致可分为3类:乡村文化生活体验型乡村旅馆、利用当地资源进行地域振兴的城乡交流型乡村旅馆、体验学习式的自然教育型乡村会馆。

乡村文化生活体验型乡村旅馆是以体验农村文化生活为目的,旅馆自行经营管理,不以住宿为主业,而是以开展体验活动为主,如制作乌冬面、树木培育、鱼干制作等。利用当地资源进行地域振兴的城乡交流乡村旅馆一般利用地方特色资源(包括民俗)吸引客源,带动当地经济(图17-10)。体验学习式的自然教育乡村会馆以体验农村和学习生活常识为目,如岛县的金山町被定为自然教育村,每年都有大批中小学生前来此地入住当地的体验型乡村旅馆。

17.6.2 措施

不论是日本的乡村旅馆,还是中国以及世界其他国家的乡村旅馆都离不开4点要素:与环境协调的建筑风格、规范运营、突出特色以及多元化管理。

1)与环境协调的建筑风格

乡村旅馆一般建于优美的自然环境之中,建筑物与环境的协调感直接影响到该乡村地区整体的风景和谐。乡村旅馆建筑风格应注重于周围环境的和谐统一,注重内在品质,以体现当地乡村特色为主。

■ 图 17-9 日本乡村旅馆

■ 图 17-10 城乡交流型乡村旅馆

2)规范运营

乡村强调规范运营有助于乡村旅馆规范化,达到有效运转。提高效率的目的,使乡村旅馆形成不亚于城市的旅馆体系,从而提高服务与硬件质量,吸引更多游客前来。

3)突出特色

突出乡村特色是乡村旅馆吸引游客的最佳途径。乡村旅馆可以开设各种体验活动,如采摘、观光等带有浓厚乡村特色的体验活动,让游客深入体验乡村生活。

4)多元化管理

多元化管理一般包括:私人资金和私人管理、政府出资和管理、政府资助和私人管理和共同出资和管理。多元化管理可以使旅馆运营灵活,提高效率。

第 18 章　生态乡村生态文明伦理

18.1 环境意识与环境保护

环境意识，又称生态意识，是现代人类文明的一个标志，是人与自然环境的关系所反映的社会思想、理论、伦理、情感、意义、知识等观念形态的总和。环境意识的形成源于人们开始关注未来，并开始反思以往人类活动违背生态规律带来严重恶劣后果。

20 世纪 60 年代，西方一些发达国家民众开始意识到环境保护的重要性，通过多种形式，要求政府采取措施，治理、控制环境污染。政府迫于恶劣的环境威胁以及社会舆论压力，开始大力推进环境保护建设。如建立相关机构，设立环保建设专款等一系列措施，以抑制、减少环境污染和保护环境资源。60 年代末，一些地域性或国际性的民间环保组织和环保、生态研究机构相继建立，如 1968 年成立的非政府的国际性组织——罗马俱乐部成立。罗马俱乐部拥有来自 40 多个国家近 100 名代表，他们就当代社会的人口、粮食、能源、资源、环境等问题进行多学科研究，在一定程度上体现了国际科学界环境意识和生态意识的觉醒。

环境意识的觉醒意味着环境保护的开始，推动着环境保护的开展。环境保护只有按照自然规律、社会规律和经济规律进行，才可保障人类社会和谐、健康发展（图 18-1）。

环境保护的内容丰富，涉及领域广泛，但按其根本性质，大致主要包括 3 个方面：

（1）控制有毒物质，保护人类健康。人类活动所造成的有毒物质，时常威胁着人类的身体健康，控制、防止各种有毒物质及致病因素进入环境，以免人类健康受到危害，是环境保护的重要内容。

（2）保护、改善生活居住区的环境质量。居住区环境的质量直接关系着人类生存环境的质量，保护、改善生活居住区的环境，防止由于环境污染及各种环境要素质量下降，功能减退，使人类生活条件恶化。

（3）保护自然资源。自然资源是地球上所有生物的共同资源，关系着生态平衡。注重保护自然资源，尤其是保护、改善生物多样性和可更新资源的生产能力，以此保障生态平衡、人类社会的可持续发展。

18.2 生态乡村与环境伦理

环境伦理是指将传统的伦理关系从人类延伸至其他生物，以及自然界，探讨人类与自然环境之间的道德关系或称伦理关系。环境伦理是环境法制的基础和内核，对环境保护发挥着积极作用。

环境伦理意识的诞生来源于人类活动对自然的破坏，自然又反作用于人类的恶性循环。严峻的环境问题迫使人类开始关注环境问题，并采取多种形式及方法整治、改善、保护生

■ 图 18-1 美丽乡村——江西省婺源县

■ 图 18-2 乡村古木保护

建设生态乡村的主要动力。

态环境，使人类走上可持续发展的道路。

环境伦理意识的形成与否影响着乡村的生态建设。将环境伦理意识渗透到乡村建设的每一个环节，让乡村居民逐渐形成环境伦理意识，使生态与环保融入乡村生产、生活中，只有这样，才会真正建设成生态的乡村。环境伦理在建设生态乡村过程中起到的促进作用，大致包括：

1）规范自然资源开发利用

由于人口增长和人均资源消耗量的提高，使许多国家和地区处于资源环境严重超负荷的状态，加强资源保护，促进资源的合理开发成为各国家和地区的首要任务。环境伦理主张自然资源的合理利用，规范人们对自然资源利用的观念。环境伦理意识的形成，可促进自然资源保护的法律法规的制定，强化对资源利用的监管，强化对资源的节约和综合利用。

2）保护生物多样性

生物多样性的保护，包括对所有的植物、动物和其他有机物中，甚至包括在每个物种内的遗传基因库和生态系统的多样化。环境伦理主张尊重生命、生态系统和生态过程，促进生物多样性保护的实施、监督等（图 18-2）。

3）促进环境教育

环境伦理意识的传递本身就是一种环境教育。环境伦理意识可提高人对自然环境的关注，而环境教育是将环境伦理意识普及的形式。环境教育的普及，有助于环境保护工作的推进，为生态建设提供重要帮助。生态乡村的建设需要从"建设"乡村居民的生态观念开始。乡村地区的相关部门可通过开办讲座、媒体宣传等多种形式向乡村居民传递环境伦理意识，让乡村居民逐步了解"自然"，了解"生态"，从而主动接受环境教育，直至最终真正成为

18.3 生态乡村与资源保护

18.3.1 森林资源

森林是陆地生态系统最强大的生产力，是维护生态平衡的枢纽。森林资源是指地球以

乔木为主体的生物群落与非生物环境因素相互作用所形成的森林生态系统的总称。森林具有重要的生态价值，可以净化空气，消减污染，保持水土，遏制土地沙漠化，并有降低噪声、美化环境、改善水质等功能。

■ 图 18-3　生态乡村森林

　　许多乡村地区拥有丰富的森林资源，以林业为主要产业，因此森林资源的保护工作尤为重要。目前，世界正面临着森林资源大幅减少的严峻形势，如何保护森林资源是许多国家与地区的重要课题，而乡村地区如何保护森林资源，也是建设生态乡村过程中的重要课题。

　　1）耕地占地面积合理化

　　不断扩大的农耕面积是导致许多森林消失的主要原因之一。因此，合理规划耕地占地面积是保护森林资源的首要任务。保障耕地面积，不应以牺牲森林资源为代价。片面追求高产量，减少森林面积，增加耕地面积，会严重破坏生态平衡，最终导致生态与经济利益均陷入困境。

　　2）合理开发森林资源

　　完善森林资源管理机制，大力开展植树造林，不断提高森林覆盖率。在开发过程中，按照自然规律和经济规律的要求，因地制宜，统筹规划，在保护现有森林的基础上，在贫瘠和退化的土地上，在经过滥发的土地上，重新植树造林，增加森林覆盖率，提高森林的生产力（图 18-3）。

　　3）注重林业可持续发展

　　想要林业可持续发展，必须同时保障生态与经济均稳定发展。可通过营造速生丰产林基地，提高木材及林产品的自给率，或加速经济林建设。同时，还可发展炭薪林，以促进绿色能源发展，解决能源危机问题。

18.3.2 水资源

　　广义上，水资源指人类能够直接或间接利用，对人类具有使用价值和经济价值的水体都可成为水资源。狭义上，水资源是指在一定的经济技术条件下，人类能够直接利用的淡水资源。

　　水资源具有经济与生态环境双重价值，是珍贵的自然资源。乡村不论是农业生产、日常生活，还是工业生产离不开水资源；保障水资源的可持续利用是乡村发展、建设的基础。要保障水资源的可持续利用，应更注重水的生态价值。在开发利用水资源的过程中，需遵循其自然规律，不过度掠夺、开发，以免破坏水资源的生态系统，造成恶劣后果（图18-4）。

■ 图 18-4　江西省婺源县乡村水资源

对水资源的保护，应遵循以下3点：

1）树立水资源可持续利用意识

许多人错误地认为水资源取之不尽，用之不竭，毫无节制地开发，对水资源造成了不可估量的危害。因此，转变错误观念，正确认识水资源是保护水资源的第一步。相关部门可通过多种形式，向乡村地区居民普及水资源知识，让其认识到水资源的珍贵，从而树立保护水资源意识、节约用水意识、水资源可持续利用意识等。

2）提高水的利用效率

提高水的利用效率，首先需要合理用水、节约用水。在工业生产中，可降低工业用水，提高水的重复利用率，同时还可减少废水排放量，减轻工业污染和降低生产成本。农业生产中，农业灌溉用水只有37%用于作物生长，因此，更新灌溉方法，实行科学灌溉，可极大程度减少农业用水。日常用水方面，可通过完善输水管网系统、提高水价、设计研制高效节水设备等手段节约用水。

3）防治水污染

防治水污染还需从控制和减少工业源头污染开始，并对流域、水系或区域实行水资源利用的综合规划和水污染治理。此外，实现污水资源化是防治水污染的有力手段。乡村污水经回收处理后用于水质要求较低的领域，可有效解决乡村地区水资源短缺的问题，不仅可以扩大水源，还可极大程度上减少污水处理的高费用问题。

18.3.3 能源资源

能源是指在目前社会经济技术条件下能够为人类提供大量能量的物质和自然过程，如采集到的柴薪、秸秆、煤炭、石油、天然气、太阳能和风能等。按是否可再生可将能源分为可再生能源和不可再生能源：可再生能源包括风能、太阳能等；不可再生能源包括石油、煤炭、天然气等。

当今，世界能源危机已经成为各个国家的主要威胁，保护能源资源，发展可再生绿色能源成为许多国家和地区的首要任务。不论城市，还是乡村，对能源资源的保护均应注意以下3点：

1）多样化、清洁化、全球化和市场化

为保障能源的可持续供应和发展，未来乡村地区能源供应和消费应向多样化、清洁化、和市场化方向发展。可持续发展、环境保护、能源供应成本和可供应能源的结构变化决定了全球能源多样化发展的格局。世界范围内愈加严格的环保标准，也不断要求能源的清洁化。而随着各国家地区对能源需求的不断加剧，能源资源也逐渐走向全球化与市场化，形成国家地区间的能源贸易关系。

2）合理开发，科学利用

开发利用过程中，应尊重自然的生态过程，重视能源的使用价值，控制对生态系统有破坏的物质元素的排放及行为的发生。开发与利用应科学计划，禁止盲目开发、浪费能源的情况发生。

3）树立正确的能源观念

树立正确的能源观念，首先需要认识到能源资源的有限性。能源资源的有限性决定着人类必须停止对能源的过度开发、利用。即使是对可再生能源的开发利用也应以可持续利用为原则，抑制能源生产率下降，防止能源的破坏和流失，保证可持续利用。树立正确的能源观念，会使节约能源、科学利用的理念渗透进生产生活当中，使地区居民形成良好的能源习惯，从根本上使能源走上可持续发展的道路。

第 19 章　可持续性生态乡村

19.1　乡村环境保护

　　1972 年 6 月 16 日，联合国人类环境会议第 21 次全体会议通过了《联合国人类环境会议宣言》，郑重宣布了会议总结的 7 个共同观点和 26 个共同原则，是维护和改善人类生存环境的一个纲领性文件。乡村作为生存环境的重要场所，是全球可持续发展战略的重要组成部分，所涵盖的范围广泛，涉及自然环境、人工环境、经济环境、景观环境及环境媒介，如土壤、水和空气的保护，动植物天然多样性和繁衍，符合环境可持续发展的森林管理，垃圾和废弃物管理等的保护。可持续性生态乡村为村民创造一个可持续的经营与生活环境。

19.1.1　乡村环境保护原则

　　1）综合治理原则

　　乡村的环境保护对已被污染的环境，采取综合治理的原则，如针对大气污染所排出的气体进行治理，降低和减少有毒气体的排放量；针对污水的治理，要将有害物质降到最低限度，减少污水对乡村环境及人类健康的影响；针对固体废弃物污染的治理，要处理分流与循环利用，变害为利。对可能造成危害的产生污染的生产活动进行预防与管理，建立安全、清洁的乡村环境，加强对污染企业的管理。

　　2）可持续发展原则

　　可持续发展是从环境保护的角度，倡导保持人类社会的进步与发展。既注重人类的生产，又注重生态环境的保护与改善。有效地利用与保护自然资源，综合治理和恢复退化的环境，生态环境都具有一定的自我修复能力，改善环境质量，提高资源环境系统对经济、社会的支持能力，并恢复植被、保持生物多样性，全面提升乡村生态环境指数，以保持乡村环境的可持续发展与生态平衡。

　　3）同步原则

　　乡村的经济发展、乡村环境保护与生态建设要同步规划、同步发展、同步实施。乡村的气质和韵味的外在表现要依赖于乡村赖以生存的地域的自然环境，自然环境的逐步改变为了满足人类各种活动和各种需求，以为乡村生产和经济发展创造条件。同步发展是乡村环境保护实现的重要保障，先污染后治理的发展模式给乡村带来了很大的弊端，达到适度、有序、分层次的生态、环境、资源、文化等全方位保护是乡村环境保护的追求。

　　4）共同参与原则

　　生态环境保护需要政府、民间团体及公众的积极参与。生态环境保护是政府公共管理和社会服务的重要职能。政府将自然生态保护、国际环境履约及环保监测监管建设等纳入国家财政预算，提高环保在财政支出中的比重。生态民间保护组织是一种非政府的、非营利的社团组织，是生态环境保护与维护的社会力量，能够影响政府的决策或直接参与民主决策。通过报纸、杂志、广播、电视、国际互联网等传播媒体对公众进行教育，开展全方位、多层次的舆论宣传与科普宣传，参加环保实践，共同参与保护乡村生态环境。

■ 图 19-1　生态乡村环境

19.1.2　乡村环境保护措施

1）制定环境保护规划，注重环境监测

制定环境保护规划的目的是建设自然条件与人类发展相协调的"田园风光"，建设宜人居住的生态环境。制定环境保护规划时，根据乡村的地质环境、生物种群及对环境质量产生影响的各类因素进行调查分析，实时进行环境监测，如通过环境监测网络，对大气、水体、生物群落及土壤污染潜在危险的跟踪监测，判断生物环境质量，以采取防治措施。

2）加强环境伦理教育与生态道德宣传

1972 年联合国《人类环境宣言》指出："人类有权在一种能够过尊严和福利的生活的环境中享有自由平等和充足的生活条件，并且负有保护和改善当代和未来世世代代环境的责任。"公民的生态环境意识及参与能力与环境伦理教育和生态道德宣传息息相关。在学校，通过学校设置的课程，培养具有生态环境伦理观念的学生，并通过多渠道加强社会教育及宣传。

3）调整旅游开发策略，预测生态环境承载力

乡村旅游依托现有的乡村环境，结合乡村特有的农业资源、生活方式、乡村景观、民俗风情及乡村文化等形成独特的旅游开发模式，针对乡村区位条件、自然条件、经济条件及社会文化条件的了解，制定合理的旅游开发策略，对旅游区域的生态环境容量、容量的大小进行调查，依据乡村旅游目的地自身的特点测算出生态环境承载力（图 19-1）。

4）加强乡村森林资源管理与建设

了解森林生长的生态环境状况是乡村森林资源管理与建设的途径之一。根据森林的生长情况、土壤类型、林区空气污染物、土壤物理和化学性质变化情况及野生动物的变化情况，加强对森林的监测工作。德国建立上百个长期固定的观测点，目的是为了通过监测数据，保护森林资源，如通过长期的监测发现酸雨对森林的危害，采取保护计划，控制大气中硫氧化物含量，使森林资源得到保护。

19.2 废弃物处理

19.2.1 畜禽废弃物处理与利用

1）肥料化

畜禽粪便的肥料化处理是减轻环境污染，维护可持续乡村的最经济有效的途径，在生态农场进行无污染农产品的生产，作为有机肥获取的途径之一。除湿和成分稳定化是畜禽粪便处理肥料化时重要的过程。含水量过多，容易腐败，不易于肥料的利用，采用肥料化处理可以除去水分，杀死或降低病原菌和杂草种子；畜禽粪便含有氮、磷、钾、微量元素及大量有机质等植物必需的营养物质，生物质转化成肥料，应充分考虑其成分的稳定化程度及对土壤环境与植物的影响。

堆肥是实现废弃物资源化利用的方法之一。经过堆肥处理后的粪便才能为植物所利用，即将微生物降解腐熟获取的营养成分（氮、磷、钾、钙、镁等营养成分），与土壤混合施用，在土壤中慢慢分解释放养分。此外，未分解的有机质可累积为作物提供营养。日本施用肥料化技术相当成熟，以液体肥料利用的方式为例，在日本北海道地区，将一种粪尿在混合状态下储存发酵后，用于牧草地及农耕地的堆肥，可有效净化环境。

2）燃料化

畜禽粪便燃料化处理技术不但可以提供清洁能源发展可持续性乡村，还可以解决乡村燃料短缺的困扰，畜禽粪便与有机生活垃圾、秸秆发酵后形成的沼气，实现了畜禽粪便燃料化利用。通过严格的厌氧环境及适宜的温度，掌握发酵料浓度和加量水，调节发酵原料酸碱度，可产生沼气，沼气设施与畜禽饲养场相结合，使大量的畜禽粪便直接排入沼气发酵池内。沼气资源为农户提供能源，此外,沼液中含有 17 种氨基酸、多种活性酶及微量元素，可直接施肥、养鱼及作为畜禽饲料添加剂使用。日本京都府八木町，将经过沼气发酵的有机质，与以牛粪为主的畜禽粪便为原料，进行能源回收，形成牧草—饲料—畜禽排泄物—沼气发酵物—堆肥—农作物—牧草燃料化利用的循环链。

3）饲料化

畜禽粪便饲料化处理是畜禽废弃物处理的重要途径。通过干燥法、青贮法、分离法等方法，获取畜禽粪便中含有某些饲料中没有的营养成分，如矿物质、氮素、纤维素等，进口饲料含有的蛋白质营养源的氮通过再利用蓄积在土壤中，使耕地的氮量过剩，导致作物的疯长及病虫害等问题的出现。1967 年，美国食品卫生管理部门曾限制使用畜禽粪便作为饲料，粪便饲料化不卫生造成了畜禽粪便的安全风险性。畜禽粪便饲料化处理技术的日益发展，降低了畜禽粪便饲料化处理的安全风险性，为饲料化的利用提供了更多的可行性。

19.2.2 农业废弃物的处理与利用

1）秸秆还田技术

秸秆还田技术的应用产生的功效有：恢复土壤中的氮、磷、钾等常量营养成分；增加土壤的有机质；调节土壤的 pH 值；改善土壤结构，增强土壤强度；防止土壤冲蚀；经过翻压覆盖的秸秆改善土壤的水分及通气状况，为作物高产、优产创造有利条件。利用秸秆堆肥，是改良土壤，增强有机肥源的有效措施，将秸秆进行适当处理，将农作物残体中含有的碳水化合物、蛋白质、脂肪、木质素等被微生物分解利用，用于秸秆还田。

2）生物质废弃物制气技术

乡村的生物质固体废弃物主要有秸秆、稻壳、木屑、树皮等，利用这些生物质原料，在缺氧的过程中，原料加热反应进行能量转换，便是生物质的气化。生物质燃料作为气化的原料，具有较高的炭活性，如在水蒸气存在的情

■ 图 19-2　生态乡村垃圾分类收集

况下，生物质炭的气化反应迅速，经过约 7min 后，有 80% 的炭被气化。日本三重县一志郡美杉村的木材公司利用木质类废弃物气化发电：木材制板时，在产生的锯粉中加入刨花，并在气化炉内进行气化，生成的气体经过冷却、清洗等环节，最终输送给气体发电机。

19.2.3　生活废弃物的处理与利用

村民在日常生活中产生的综合废弃物即生活废弃物，包括食品废弃物、厨余废弃物、建筑垃圾中的陶泥、渣石、玻璃、金属、塑料等。生活废弃物处理利用遵循整体性、协调性、循环性、再生性的原则，通过对垃圾的收集与处理，形成一个闭合且相对稳定的高效循环系统（图 19-2）。针对生活废弃物的治理，采取以下几方面的措施：建立生活垃圾处理点，生活垃圾收集点的服务半径不宜超过 70m；医疗垃圾等固体危险废弃物处理、运输、收集要区别化的处理方式；针对废旧电池、药品等废弃物进行回收，避免水体及土壤的毒化；生活垃圾分类袋装收集，以德国的垃圾回收为例：德国实行垃圾分类，居民按废纸、生物有机物、玻璃制品、包装袋、大件废品等分类，分别将垃圾投放到带有标志的垃圾筒内，由环保机构定期清运处理。

19.3　乡村生态可持续性措施

1）增加生物多样性的类别

根据乡村的生物资源现状，分析各种生物物种在生境中的特征及利用价值。研究生物被利用后可能发生的变化趋向，提出利用和改造生物群落的方向与途径，为乡村生态系统中生物资源开发和利用提供基础性资料（图 19-3）。此外，生物多样性对环境的指示作用及改造环境能力有利于对农业生物多样性的构建及新的群落的存在提供必要性依据。生物自身的独立结构、动态变化、内部关系及其分布规律影响生物的多样性，并对生态系统中能量转化、物质循环的方向、速度等产生影响。

■ 图 19-3　与人和谐共处的野生鹿

2）融入可持续理念

乡村将生态价值、经济价值、文化价值及旅游价值等作为可持续乡村理念的考量因素。根据乡村现有的传统结构及村民的需求，展开可持续性的生态规划，注重听取村民的意见及建议，并鼓励居民积极参与乡村可持续建设。乡村可通过有奖竞赛的形式创建"乡村基础设施倡议行动"、"地区生活条件改善行动计划"等活动，以此调动村民积极性，使经济发展与生态建设同步进行，将恶性循环变为良性循环，可持续理念深入人心。

3）控制生态阈值

乡村生态系统具有稳定性及自我调节的能力，在界限范围内进行自我调节与发展，一旦生态阈值遭到破坏会对乡村的可持续发展产生巨大的负面影响。如森林的大量采伐，使生态系统中缺损一个或者几个组分成分，各类动植物也因为栖息地和食物源遭到破坏而转移或者消失，导致土壤中的各类营养物质遭受水蚀及风蚀，土壤砂砾化严重。因此，不得超过生态阈值，控制采伐量低于生长量。

4）污水及垃圾的管理

污水灌溉及生活垃圾，导致土壤的重金属及农作物的污染。针对生活污水集中处理，改善人居环境，加强乡村基础设施建设，满足最小经济规模条件。针对生活垃圾进行分类管理，堆置的有机垃圾经过处理，用于还田。如日本，垃圾分类十分严格，并定期收集不能降解的塑料制品垃圾。

5）合理规划土地利用方式

依据地形合理分布各区功能，通过控制生态容量、实行生态保护的方式利用土地，如日本在不同地区分别种植不同的农作物，合理利用土地：在多摩区北部种植菠菜、胡萝卜等作物；在多摩农业区西部的平原地区种植蔬菜、玉米等作物，山地种植荞麦、芥末等；在多摩农业区北部种植茄子、花卉，并发展奶酪畜牧业。

第 20 章 生态乡村景观

20.1 生态乡村景观规划

乡村景观规划强调充分分析规划区的自然环境特点、景观生态过程及其与人类活动的关系，注重发挥当地景观资源与社会经济的潜力与优势，以及与相邻区域景观资源开发与生态环境条件的协调，提高乡村景观的可持续发展能力。

20.1.1 目标

乡村景观生态规划以创造高效、安全、健康、舒适、优美的乡村环境为目标，提高景观的多样性和异质性，建立复合生态经济系统，提高系统的稳定性和生产力，打造一个社会经济可持续发展的整体优化和美化的乡村生态景观。乡村景观生态规划的目标体现了要从自然和社会两方面去创造一种融技术和自然于一体、天人合一、情景交融的人类活动的最优环境，以维持景观生态平衡和人们生理及精神健康，确保人们生产和生活的健康、安全、舒适（图 20-1）。

20.1.2 原则

1）建设高效人工生态系统，实行土地集约经营，保护集中的农田斑块。
2）控制建筑斑块盲目扩张，建设具有宜人景观的人居环境。
3）重建植被斑块，因地制宜地增加绿色廊道和分散的自然斑块，恢复景观的生态功能。
4）工程建设要节约用地，重塑环境优美与自然相协调的景观。

20.1.3 内容

1）景观生态要素分析

对景观生态系统组成要素特征及其作用进行分析，包括气候、土壤、地质地貌、植被、水文及人类建（构）筑物等。

2）景观生态分类

研究景观结构和空间布局的基础，根据景观的功能特征（生产、生态环境、文化）及其空间形态的异质性进行景观单元分类。

3）景观空间结构与布局研究

■ 图 20-1　优美的乡村景观

主要景观单元的空间形态以及群体景观单元的空间组合形式研究，是评价乡村景观结构与功能之间协调合理性的基础。

4）景观综合评价

主要是评价乡村间结构布局与各种生态过程的协调性程度，并反映在景观的各种功能的实现程度之上。

5）景观布局规划与生态设计

包括乡村景观生态中的各种土地利用方式的规划（农、林、牧、水、交通、居民点、保护区等）、生态过程的设计，环境风貌的设计，以及各种乡村景观类型的规划设计，如农业景观、林地景观、草地景观、自然保护区景观、乡村群落景观等。

6）乡村景观管理

主要是用技术手段（如 GIS、RS）对乡村景观进行动态监测与管理，对规划结果进行评价和调整等。

20.2 乡村景观建设思路

1）规划方案

乡村景观规划实施应在政府的积极管控下，由相关职能部门和专家的层层把关，经过有关部门的调查、论证、核准后才能付诸行动。首先要进行现状评估，掌握当地全方位资料（村落内部及周边的空间布局、建筑特点、文化遗存等），因地制宜；其次，拟定初步的解决方案，注重绿化景观、公共空间、道路等方面建设，适当设置园林景观小品和健身活动空间，满足村民休闲、娱乐、运动等各种需求。注重与周边景观的融合，寻求特色与统一的平衡，做到景观整体与局部的和谐共存。对于农田、果园、林地、水系等乡村农业景观和自然景观进行合理规划和保护，在保留乡村原有特色的同时，充分挖掘农业景观的潜在价值，以农业景观建设为载体，发展多种形式的乡村旅游业。

2）传统文化保护

保护乡村传统文化就是保留乡村自身特色。乡村当地文化特色是其发展经济，走可持续发展道路的基础。规划建设过程中，融入乡村特色元素，维护乡村景观的风格、历史建筑，杜绝盲目建设的现象出现。对于具有重要历史价值的建筑和民俗文化，应给予妥善修缮和保护，可开办民俗、民艺馆等进行宣传、保护（图 20-2）。严格限定建筑的结构和格局，使乡村特色得到传承和延续。新建区的建筑风格和体量应有鲜明个性和地域特征，可以体现现代农村的生活方式。德国、英国等国的乡村文化古迹经过修缮后，部分会面向公众开放，供人们追忆历史，不仅使乡村地方传统文化得到传承和延续，同时促进当地的旅游业。

3）创造丰富多样的生存空间

在最大限度保护好原有生境条件的前提下，根据具体情况，创造出不同的小生境，丰富植物群落景观。如运用碎石、卵石或块石矮墙来分隔组织空间，其中的空隙又为昆虫、蜘蛛及小爬行动物提供一个良好的生存空间。

4）民众参与

乡村的建设最终目的是服务当地民众。乡村景观建设应充分考虑村民对景观的尺度要求

■ 图 20-3　生态农业景观与乡村自然景观

■ 图 20-2　日本乡村艺能馆

和心理需求，将各种健康生活理念与景观要素相结合。乡村民众的需求应成为政府具体政策制定和规划方案实施的重要出发点。打造乡村民众满意的景观，最直接的办法就是加强民众参与。不少欧洲国家还积极倡导民众参与乡村景观的建设与管理，通过引导社区民众组建公益性组织，开展互帮互助活动，加深邻里关系，促进社区和谐。

20.3　景观生态建设

1）农业与自然景观优先

尊重自然、保护自然和维护自然生态是乡村生态景观建设的基础。在开展景观生态建设时，必须要认真研究生态建设合理性，并尽可能结合自然进行景观生态建设和设计，设计一个适应自然的系统，同时对某些特大工程和重点工程建设，首先应该评估该工程的实施可能对周围的环境和生态系统产生的影响和结果，并在工程的实施过程中给予有效的监督，以便及时发现和解决存在的景观生态问题，从而实现自然和人类的和谐共存（图20-3）。

2）突出地方特色

乡村景观生态建设不是单纯经济意义上的建设，而是要在保留乡村景观地方特色风貌的基础上，综合自然、社会和经济3方面，推进城市化进程，达到生态效益、社会效益和经济效益的平衡。

3）推动观光农业发展

乡村地区可根据自身特色积极发展观光农业，大力推进农业产业化的进程，逐步加强与非农产业的结合，引进高新科技成果，改变传统的耕作模式，建设规模化的畜牧业养殖基地，突出地方土特产品生产，形成独特的观光农业条件。发展观光农业可带动当地乡村景观建设，形成独具特色的乡村景观，推进生态乡村建设与经济发展，促进乡村可持续发展。

■ 图 20-4 乡村绿色景观生态廊道

4）绿色景观建设

过度开发和盲目发展，不仅造成乡村生态被破坏，也使乡村景观破碎化。乡村景观的破碎化使自然生态过程中断，生境减少，生物多样性下降。针对此种情况，应有效开展景观生态廊道网络建设（图 20-4），实现孤立斑块间的物质和能量的交换及流通，如：通过公路两旁的绿化带或护路林来为孤立斑块间联系提供通道；种植农田防护林网或树篱，为鸟类或其他动物迁移和捕食提供栖息地和通道，等等。

20.4 生态乡村景观类型

生态乡村景观包括农田、森林、屋舍庭院等具有鲜明乡村特色的景观。生态乡村景观从不同角度可分为不同类型，但总体可将其分为农业景观与生态农业旅游景观。

20.4.1 生态农业景观

农业景观是人类长期与自然界相互作用的产物，展现以农作物、林木、植被和动物等生物景观为主体的自然景观。农业景观主要包括：农田景观、林业景观、乡村庭院景观、牧（渔）业景观等。

1）农田景观

农田景观是乡村地区最基本的景观，通常由几种不同的作物群体生态系统形成的大小不一的斑块或廊道构成。农田景观规划应根据土地适宜性，注重生态，实现农田的长期生产性，建立良好的农田生态系统，提高农田景观的审美质量，创造自然和谐的村庄生产环境（图 20-5）。

2）林业景观

林业景观规划注重功利与美的统一，因此规划过程中需协调好林业生产上的各个环节，在保障经济利益不受影响的前提下，营造美的景观。在规划道路、山脊和河流等带状景观方面，注重与自然环境相协调，景观富有变化感，如在道路、山脊和河流等处，以自然的形式布置风景树群或孤植树，使人造景观与周边自然和谐统一。在森林景观营造方面，应以保证生产为前提选择树种，营造景观良好的森林景观，而防护林的营造应结合农业景观建设。此外，森林和野生动物保护在规划建设林业景观中也极为重要。良好的生态系统会赋予森林最为真实的景观特色，是发展旅游业，吸引热爱自然的游客的唯一途径（图 20-6）。

3）乡村庭院景观

乡村庭院景观包括房屋、围墙、街道等斑块和廊道，还有小型果园、温室、草地、农

■ 图 20-5　农田大地景观

产品加工厂等构成的多种景观单元。乡村庭
院景观更多关注村庄与农田等景观的和谐结
合，多元素相互交融，形成完整的、带有浓
郁乡村特色的景观（图 20-7）。

4）牧、渔业景观

牧业景观主要由草原、草地和动物组
成。在规划过程中，牧业景观在关注审美感
受的同时，还需考虑牧草的生长，为牧业发
展打下基础。此外，对动物合理利用，会为
发展旅游业带来帮助。

渔业景观包括海洋、滩涂、内陆水域和
宜渔低洼荒地等和作为渔业生产对象的水生
生物。观光渔业结合生产、生活、生态为一体，
是许多国家地区国民经济的重要产业。规划
建设渔业景观，需发展特色养殖，大力进行
景观建设，使高生产与高观赏性并存。

20.4.2 生态农业旅游景观

生态农业旅游景观是由形状、功能存在

■ 图 20-6　乡村森林景观

■ 图20-7 乡村庭院景观

■ 图20-8 乡村旅游产品贩售小屋

差异且相互作用的斑块、廊道和基质等景观要素构成的，具有高度空间异质性的区域。一般生态农业旅游景观类型包括自然景观、农业景观和人文景观，其中农业景观是生态农业旅游景观的主体部分。与传统农业景观相比，生态农业旅游景观是自然景观、人文景观的融合，拥有自身的特征。

在规划生态农业旅游景观过程中，需运用景观生态原理，结合考虑地域或地段综合生态特点以及具体目标要求，构建空间结构和谐、生态稳定和社会经济效益理想的区域农业景观系统。因此，生态农业旅游景观规划应遵守以下原则：

1）景观异质性原则

异质性是指一定区域里对一个物种或更高级生物组织的存在起决定性作用的资源（或某种性状）在空间上（或时间上）的变异程度。景观空间异质性的发展、维持和管理生态农业旅游景观规划与设计的重要原则。

2）保护自然，注重生态

景观的规划建设是基于自然景观资源之上的，继承自然原则，保护森林、湖泊、自然保留地等自然景观资源是景观规划建设的重要前提。通过"保护"与"继承"的方法强化农业景观生态功能。生态是使生态农业景观可持续发展的关键，开发生态农业旅游，要合理使用土地、科学生产，尽量不使用农药、化肥，加强生态环境保护和建设，把生态循环与经济发展有机结合，使生态与经济共同发展，从根本上维护旅游地的生态平衡。

3）因地制宜

农业景观会受气候、河流流域、经济发展、人口密度和社会发展水平等因素影响而发生变化。因此，为更好地实现农业景观各功能，生态农业旅游景观规划必须因地制宜考虑景观格局设计。

4）以市场为导向

生态农业旅游景观规划建设的根本目的是服务于生态农业旅游。因此，生态农业旅游景观规划应以市场为导向，遵循市场经济规律，作出正确的商业价值判断，满足旅游者需求。同时，还需以市场营销的观点开发生态农业旅游产品，以应对旅游者不断变化的消费需求（图20-8）。